蓝绿之城

新加坡的营城故事

A City in Blue and Green
The Singapore Story

[美]彼得·G. 罗
[新加坡]许丽敏　编著

王　玮　汪波宁　梁　霄　郑　玥　译
陈　韦　刘　平　丘永东　审校

中国建筑工业出版社

图书在版编目（CIP）数据

蓝绿之城：新加坡的营城故事 /（美）彼得 • G. 罗，（新加坡）许丽敏编著；王玮等译． —北京：中国建筑工业出版社，2021.10

书名原文：A City in Blue and Green: The Singapore Story

ISBN 978-7-112-26402-5

Ⅰ. ①蓝… Ⅱ. ①彼… ②许… ③王… Ⅲ. ①城市环境–环境管理–研究–新加坡 Ⅳ. ① X321.339

中国版本图书馆 CIP 数据核字（2021）第 144927 号

A City in Blue and Green The Singapore Story
ISBN 978-981-13-9596-3

本书英文版由施普林格出版社（Springer Nature Singapore Pte Ltd.）出版。

责任编辑：刘　丹
文字编辑：刘颖超
责任校对：李美娜

蓝绿之城　新加坡的营城故事
A City in Blue and Green　The Singapore Story
[美] 彼得 • G. 罗　[新加坡] 许丽敏　编著
王　玮　汪波宁　梁　霄　郑　玥　译
陈　韦　刘　平　丘永东　审校
*
中国建筑工业出版社出版、发行（北京海淀三里河路 9 号）
各地新华书店、建筑书店经销
北京建筑工业印刷厂制版
临西县阅读时光印刷有限公司印刷
*
开本：787 毫米×1092 毫米　1/16　印张：10¼　字数：175 千字
2021 年 11 月第一版　2021 年 11 月第一次印刷
定价：**100.00** 元
ISBN 978-7-112-26402-5
（37841）

序

我和彼得•G. 罗认识很久了。早在20世纪90年代，我们就通过新加坡市区重建局（Singapore Urban Redevelopment Authority，URA）和哈佛大学设计研究生院（Harvard Graduate School of Design）的设计工作室进行合作。现在我所在的新加坡宜居城市中心（Centre for Liveable Cities，CLC）的研究主任许丽敏也是他在哈佛大学的博士生。彼得经常津津乐道地回忆他在中国香港度过的童年，以及他经常去新加坡游玩的经历。他可以算是一位亚洲发展的敏锐观察者，这丝毫不让人感到意外，因为他在亚洲地区，特别是在中国，有许多学生，同时他也是清华大学的客座教授。

早在2015年，我们邀请彼得到CLC担任客座研究员时，他就对新加坡多年来的转型表示钦佩，尤其是我们的城市在发展的同时，还保留了大量绿色空间，成为城市景观中独特的一部分。我也与他分享了我们一些美化水道的项目，特别是“活力、美丽、洁净水计划”（the Active，Beautiful and Clean Waters Programme，简称“ABC水计划”）。在我们的谈话中，彼得认为将新加坡对蓝色和绿色基础设施的综合利用作为我们近代规划历史的一部分，写成一本书是很有必要的。他表示很想记录下我们在城市绿化和水资源管理方面的成功经验，因为他认为这些经验对其他城市也是适用的。这本书将有助于向国际从业者和研究人员全面深入地介绍新加坡的规划模式，它的潜力远远超过“花园中的城市”（a City in a Garden）这一概念的影响力。

于是，彼得非常热情地接受邀请，与我们CLC的研究人员合作撰写了这本书，在这个过程中，他与新加坡的许多城市规划先驱、政府部门和私人企业的从业人员进行了接触，并参观了一些项目，深入了解我们是如何创造出一个蓝绿融合的城市。

在此，我要感谢彼得为此次合作投入了大量宝贵的时间和精力，完成了本书的编写工作，并感谢许多与彼得分享经验和想法的人。

邱鼎才

新加坡宜居城市中心，2019年

译者序

新加坡从1965年独立之初的落后岛国，到如今成为全球领先的宜居城市，其在经济发展、科学教育、住房保障、环境保护、可持续发展等方面的战略选择、公共政策制定与实施，都具备可借鉴之处。《蓝绿之城：新加坡的营城故事》讲述了新加坡在“蓝绿”营城方面的经验，涵盖了建城历史、经典理论、规划实践、设施技术、景观建设等诸多内容。

本书第1章开篇对“蓝”和“绿”的内涵进行界定，并介绍狮城在经济发展、“蓝绿网络”建设中取得的突出成就。第2章以时间为线索，首先回顾了新加坡跨越6个世纪的历史演变，将岛国的发展置于宏大的时空背景中。本章重点梳理了1965年以来新加坡半个多世纪的蓝绿营城历程，将狮城的生态建设与可持续建设同学科发展、国际环境及政治语境等紧密相连。第3章以新加坡国父——前总理李光耀提出的一系列国家发展目标和战略为切入点，讲述新加坡的城市发展愿景如何一步步从“花园城市”走向“自然之城”，反映其在可持续发展领域的不断创新与实践，确保“蓝绿空间”营造能够始终引领新加坡城市建设，推动狮城向着更可持续、更生态、更具地方特色的方向不断演进。第4章聚焦于“蓝色空间”，针对国内水资源供应独立性不足的客观约束，新加坡提出了“四大水喉”战略，包括改善雨水收集设施收集雨水、生产NEWater新生水、海水淡化处理以及传统的海外进口，系统破解单一从马来西亚购买水源带来的供水安全问题，通过“四大水喉”战略的实施，新加坡建立了一个水资源闭环系统，最大限度地保证了境内各类水资源的充分利用。第5章聚焦于“绿色空间”，梳理了新加坡通过构建多层次的规划体系、高效率绿地管理系统，凭借先进的动植物培育和保养技术来实现更高层次的物种多样性，为市民提供多样的公共空间。在“绿色空间”的营造方面，新加坡注重发动社区力量，通过鼓励公益性组织、校园和社区团体的共同参与，将绿色发展理念、策略灌输到学校及社区，使得“自然之城”的城市愿景深深地烙印在国民心中。第6章归纳了新加坡“蓝绿营城”之所以取得成功的关键要素，探讨了未来可能面对的挑战，并提出应对思路。

他山之石，可以攻玉。与我国绝大多数城市一样，新加坡在城市发展的各个阶段同样面临着诸多困境，包括水资源短缺、城市空间拓展与环境保护的冲突、不同宗教信仰及民族的矛盾、人口激增及老龄化的威胁等。可以说新加坡为我们提供了一个匹配度极高，甚至从某种角度而言矛盾更加突出、问题更加极端的研究样本。而相同的文化背景、同样务实的思维方式，以及同样高密度的城市形态，都让新加坡的经验在国内具备很好的适应性。此外，作为高强度开发地区，新加坡为经典的“田园城市”理论提供了更适宜亚洲城市的范式及标准。因此，本书对于空间规划专业从业人员及高校师生来说，是一本非常优秀的参考书籍。

目 录

第1章

概述

本书讲述了新加坡的营城故事：如何利用水系、植被、环境、技术、社会及政治因素，逐步发展成为一个宜居的、可持续的典范城市。这也是一个有着独特观点和全面视角的故事，即通过环境保护、生态、公共空间管理、绿色建筑及基础设施改善等手段，一个高度城市化地区实现大规模、可循环的城市水资源可持续发展（图 1.1）。

图 1.1 新加坡卫星影像图

1.1 “蓝”和“绿”的界定

本书介绍了许多“蓝绿空间”“蓝绿网络”规划和项目，其目的都是为了保护新加坡的城市建成区和其他地表景观的水文和生态环境价值，同时提供一些弹性发展的措施，来应对环境恶化的挑战，比如对他国水资源的依赖和森林的破坏等。总体而言，“蓝绿规划”已越来越受到那些快速城镇化地区的政府部门、企业及社团的重视，这些地区的生物多样性及物种栖息地都受到不同程度的破坏。国际专家小组指出，可持续发展实践将在未来 20 年拥有更大的机遇。一些国际组织（例如联合国人居署）也经常参与支持这些实践，特别是与地方政府当局和政府组织进行合作。大体而言，“蓝绿网络”能够促进城市蓝色部分——水体循环的修复，还能弥补传统工程手段（也被称作“灰色基础设施”）的局限[1]。新加坡近来实施的“活力、美丽、洁净水计划”就是这种方法的典型例子。

更确切地说，“蓝绿网络”包含了以水为主的“蓝色”元素、以植物为主的“绿色”元素、“绿色”技术，以及通常是低碳的、适应气候变化的基础设施（图 1.2）。其中，“蓝色”元素包括河道、溪流、雨水沟、灌溉渠、运河、湿地，淡水湖和沼泽地。“绿色”元素通常包括行道树、休闲区、操场、公园、森林、绿道、滨水空间等。构成“蓝绿网络”较大尺度的城市空间结构主要为社区层面的汇水区或次级汇水区，而中微观尺度主要为城市街区层面。而构建“蓝绿网络”的目的就是通过水治理技术和绿色基础设施，实现自然水体循环的同时，改进城市服务设施[2]。简而言之，其目标是保护并完善城市自然环境的水文及生态价值，同时利用具备韧性和适应性的规划技术手段，来应对未来自然环境的潜在变化及挑战。

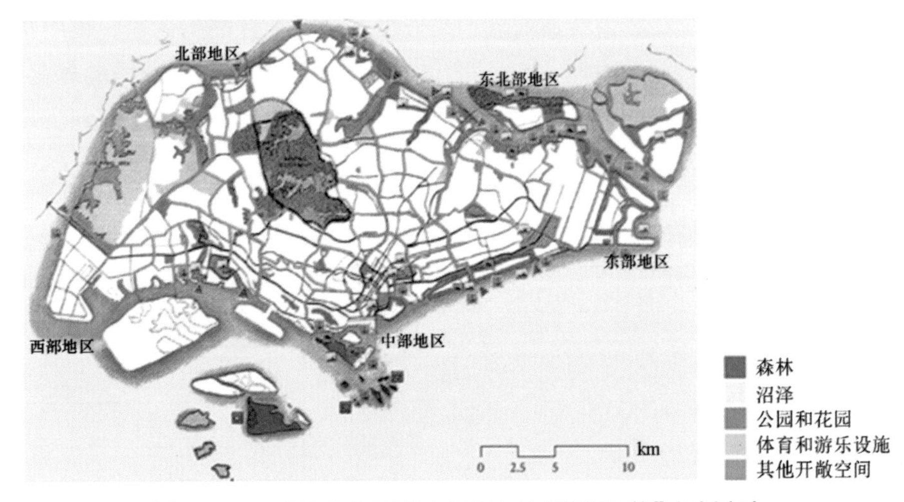

图 1.2　1991 年版新加坡概念规划中的“蓝绿网络”规划方案

1.2　新加坡“蓝绿网络”的意义

当人们提及新加坡，谈到它作为一个城市国家的经济产品时，恐怕很难说出一个特定的汽车品牌、消费品或其他工业产品。虽然新加坡的国内生产总值（GDP）很高，新加坡与世界其他城市经济活动强度对比见表 1.1。但总体上都依靠服务业，其占经济总量 73.4%，制造业占比为余下的 26.6%[3]。新加坡是一个高度发达、自由开放的经济体，政府清正廉洁且税率较低，也是世界上营商环境最好的国家之一，按照购买力平均价格计算，人均 GDP 可排名全球第三。具备政府背景的公司，例如新加坡航空（Singapore Airlines）、新加坡港务公司（PSA Corporation Limited）、新加坡电信有限公司（Sing Tel）、新加坡科技工程和媒体公司（ST Engineering and Media Corporation），以及地产类的凯德置业（Capitaland）、吉宝置业（Keppel Land）等都发挥了重要作用。新加坡的主要收入来源是电子、化工，当然还有服务业。新加坡在这些方面的发展依靠的是广泛意义上的中介贸易，通过购买原材料，进行加工，并从世界上最繁忙的港口之一——吉宝港出口。在这些转口贸易中，仅2016年总出口额就高达3300亿美元，包括制药、石化产品和设备等；进口额约2830亿美元，包括设备、燃料、机械，另外还有食品和消费品等[4]。新加坡有相当一部分人在政府部门就职，其公务员占总人口比例为1∶71.4，英国为1∶118，中国为1∶108，但与比重更高的国家如马来西亚（1∶19）相比，新加坡的公务员比例也不算太高[5]。简而言之，新加坡既不是一个生产特定产品的国家，也不是一个大量居民靠“吃官饷”度日的国度。它并不擅长在尖端领域做出突破性创新，而是偏重于学习、借鉴已经成熟的技术并付诸实践。可以说，新加坡是一个非常务实的国家。

2013年新加坡及世界其他部分城市经济活动强度 **表1.1**

	国内生产总值（亿美元）	人均国内生产总值（万美元）
纽约	15580	12
多伦多	3050	11.6
波士顿	3820	8.1
首尔	6880	6.9
伦敦	5420	6.3
新加坡	3060	5.5
中国香港	2910	4.0

不过，新加坡最值得称道的是它的城市建设。新加坡无可比拟的组屋计划为国内约80%的居民提供了住房保障。狮城拥有大量的娱乐、体育及其他设施，在生活方式、休闲活动和购物等方面，它无疑是世界级的“城市中心区”。实际上，新加坡每年访客超过1500万人次，且该数量呈逐年攀升态势，特别是近12年从亚洲其他地区来访旅客的增长势头尤其明显[6]。新加坡近年人口增长及人口构成见图1.3、表1.2。新加坡的环境非常洁净，是兼顾生态保育和城市发展方面的优等生。简而言之，对于那些来自异国他乡的游客而言，新加

坡可以算得上一座友好、安全、干净的城市，人们在这个国度可以舒适畅快，满足各种生活需求。然而，在所有这些外在吸引之下鲜为人知的是新加坡作为一个岛屿型城市国家在水环境治理和生态保护方面所取得的卓越成就，正如它所宣传的那样——绿色与清洁。狮城的宜居性和吸引力源自城市蓝绿基质同城市肌理的深度融合。从水资源可持续角度而言，这也是有着积极战略意义的。总而言之，“蓝绿网络”已成为新加坡不可或缺的组成部分，只有让“蓝绿”和谐共生，才能成就新加坡。此外，“蓝绿营城”也是新加坡在城市建设领域最为卓越的贡献，尽管绝大部分城市仍把“蓝绿空间”视作城市活动的背景环境。而依本书作者观点，蓝绿网络是狮城最为重要的组成部分，新加坡也因为优美的蓝绿环境而别具一格。

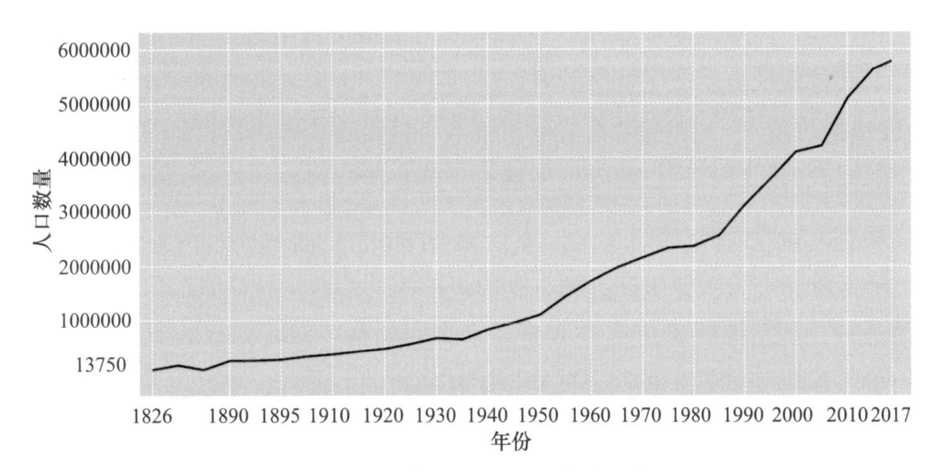

图 1.3　新加坡 1826 ～ 2017 年人口情况

注：近期人口增长率变化主要由于非常住外来移民所致

新加坡总人口及非常住人口　　　　**表 1.2**

年份	总人口	非常住人口	非常住人口占比（%）
2000	4027887	745524	18.7
2010	5076732	1305011	25.7
2015	5540000	1600000	28.9
2030	6700000	3015000	45.0

1.3　本书的结构

本书余下部分共分为 5 个章节。接下来的第 2 章，主要介绍了新加坡早期发展的情况。它最早被中国及其他国家的水手发现，后来经历了多个政权势力之间的角逐，逐步建设成为一个叫淡马锡（Temasek）的早期海岛聚居点。再接下来则是始于斯坦福·莱佛士（Stamford Raffles）统治的英属殖民地时期；第二次世界大战期间新加坡曾被日军占领，日本投降后国家政权又在英国、马来西亚之间辗转。最终在1965年脱离了马来西亚联邦，成立了独立的岛屿型城市国家。在整个章节中，虽然有一定量的历史政治背景的叙述，但更主要聚焦在新加坡自然特征变化上。

第3章开篇是新加坡时任总理李光耀对狮城人民关于“让环境绿色清洁”的劝诫，他在任期内对环境水平进行不断提升，有效地改善了吸引外资的投资环境，这使得新加坡作为一座“人口大熔炉”的城市，能够让高品质的环境惠及全体国民，而这正是新加坡一直以来致力于塑造的国家形象[7]。与此同时，世界上其他地区也形成了特有的城市生活方式，比如美国的郊区化运动，有着“花园里的机器*”与田园牧歌式的小镇和乡村景观。本书也讨论了新加坡围绕着“蓝绿营城”这一目标所作出的努力，以及这些目标如何被新加坡的国民所接受并逐步形成一种习惯。

第4章探讨了新加坡在实现水资源可持续的过程中所面临的困难，从早期依赖进口，到后来探索出三类非常规水源，包括：改善雨水收集设施收集雨水；生产新生水（NEWater），即利用闭环的过滤、储存，把城市污水在常规二级处理基础上，经特殊工艺处理达到饮用水标准；此外，还有海水淡化处理，以上连同进口水共同构成新加坡“四大国家水喉”战略。本章还重点介绍了新加坡全新的雨水收集、处理、再利用等工艺，目前这些工艺正在新加坡大规模运用，并持续进行改进。尽管，这些技术并非狮城独创，但若论及运用的广度、深度及实施的精细程度，新加坡在全球可谓出类拔萃，鲜有对手。

第5章，介绍了新加坡将原先的“花园城市”目标有意识地调整为热带地区的“自然之城”，主要是考虑到“花园城市”仅突出了“蓝绿营城”的“绿”，

---

* 花园里的机器（Machine in the Garden），源自利奥·马克思于1967年出版的书籍《花园里的机器：技术与田园牧歌理想》，他在书中指出美国人对自然环境的态度长久以来一直是矛盾的，先辈们虽然把未开发的美洲大陆视为一个可供休憩的静穆田园而珍惜有加，但是却创造出一群巨无霸的工业城市，于是19世纪的美洲花园里突然出现了“机器”的意象，便成为这种矛盾的一个重要的核心隐喻。在这本影响甚广的著作里，利奥·马克思探究了技术与文化在美国的相互关系。他审视了与自然和谐相处的田园理念与对财富和力量的不断追逐之间的冲突，这一冲突直到今天仍然引发着诸多环境和政治纷争。——译者注

而不涉及“蓝”中的水收集、中水处理等内涵。该章节还介绍了通过更高层次的生物多样性保护来实现“自然之城”，以及利用净化隔离技术开展水处理等。此外还探讨了狮城日益细致的植物养护及公共空间的打造，包括水系连通以及影响深远的研究项目等。

最后，第 6 章分析了新加坡“蓝绿营城”计划中相对成功的经验，并介绍下一步的安排，其中包括甄别出岛外对该计划潜在的威胁等。此外还讨论了那些对计划成功起到关键性作用的思维及行为方式，也包括具有远见的国家领导、持之以恒及脚踏实地的工作方式等。总体而言，新加坡成功的经验不存在唯一、侥幸成分，因此对其他国家或地区也可同样适用[8]。

尽管本书大部分都在介绍新加坡近 50 年来的“蓝绿营城”计划，但依然有部分篇幅会追溯到英属殖民地时期，具体见第 2 章。这样做是为了强调新加坡的历史和总体发展的几个基本面或大趋势。第一就是岛国的自我创新能力，有时变化非常明显，且长远看未必一定是正确的；第二便是一个时代的终结，为下个时期的发展做好铺垫。例如，新加坡对于美好城市孜孜不倦的探索，部分是建立在对历史务实的反思和深刻自省之上。最终，在城市发展及演变的历史长河中，新加坡独有的特征和价值观逐步成型。

注释

[1] 参见《水敏感导向下的城市设计》（见参考文献 154）及“蓝绿之城”维基词条。

[2] 同上。

[3] 数据来自新加坡国家统计局的 GDP 分行业数据。

[4] 数据来自新加坡出口报告（1964—2017），见 https: //tradingeconomics.com/singapore/exports。

[5] 数据来自新加坡公共服务委员会，见 https: //en.wikipedia.org/wiki/Category: Civil_Service_by_Country。

[6] 新加坡 2014 年旅游行业经济表现，数据来自国际旅游年度数据报告。

[7] 摘自李光耀于 1968 年 10 月 1 日发表的题为《洁净新加坡运动》的主题演讲。

[8] 摘自 2017 年 8 月 18 日与建屋发展局和市区重建局前局长、宜居城市中心主任 Liu Thai Ker 博士的访谈（见采访列表 33）。

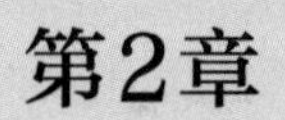

第2章

早期发展

新加坡的历史可追溯至前殖民时期的淡马锡王朝，再到英属殖民地时期，直到1965年，新加坡共和国成立，成为东南亚地区新兴的岛国。早在1819年，英国人斯坦福·莱佛士和东印度公司来到新加坡以后，新加坡逐步成为英国的殖民驻点，从此，岛上原始森林和植被地貌被庄园和其他农业种植园取代。由于地处中国南海和印度洋咽喉要道，凭借着集中的驳运、仓储设施和便利的海内外联系，早期新加坡吉宝港见图2.1。这座初生的殖民地因与马来内陆之间的转口贸易而欣欣向荣。起初，生活及商贸交易设施都集中在新加坡河附近，1822年，杰克逊中尉（Lieutenant Jackson）编制了新加坡规划，一条沿着南部海岸蜿蜒7～12公里的定居点就像一条项链一样，为马来人、华人、西方人、印度人、伯吉斯人等提供了安身之处。后来，这条“项链”逐步地向岛屿内部蔓延，彼时绝大部分城镇的发展都是自发、密集的，当时城市基础设施比较简陋，其他公共设施完善的过程也相当漫长。与此同时，在同属英国管辖的马来亚（Malaya）*，当地人通常采用砍伐森林、种植作物、修筑沟渠，以及对作物和土地简单处理等形式，以适应农作物生长，应对气候及地形地貌的变化。1900年前后，新加坡抓住了锡和橡胶中转贸易的契机，城市发展蒸蒸日上，但同时，狮城在基础设施方面愈来愈依赖邻国马来西亚，还与其签署了从1927年至20世纪60年代上半叶的供水协议。殖民地一直以来奉行经济至上的原则，其贸易地位不断得到巩固，但岛上绝大多数原住民及外来人口的福祉却极少被关注。新加坡共和国成立之前，岛上拥挤、贫困，洪水肆虐，市政设施不足。按现代标准，全岛居住环境肮脏、恶劣。新加坡最早的总体规划是1958年获批的，不过这个规划因循守旧，没能为新加坡的发展提供必要的指导。后来，在联合国的帮助下，新加坡构建了一套更为综合的城市规划体系。新加坡还创办了建屋发展局（HDB）和市区重建局（URA）等机构，并在1966年通过了《土地征用法令》（*Land Acquisition Act*），这些举措都是完备且行之有效的。1971年，新加坡通过了第一个概念规划，这是一个着眼于城市长远战略发展的规划，受到了早期联合国专家提出的“项链城市”概念的影响，这个规划指导了狮城未来几十年的发展与建设。

---

* 英属马来亚（British Malaya），简称马来亚（Malaya），英国殖民地之一，包含了海峡殖民地（1826年成立）、马来联邦（1896年成立）及五个马来属邦。——译者注

图2.1 吉宝港口停泊的船只

2.1 地理环境及其改造

关于新加坡早期的描述有很多版本，其中一个出现在汪大渊（Wang Ta-yuan，音译）的手稿中，他在14世纪上半叶，曾出海到南洋*。依据他的手稿，淡马锡当时住着一些华人和海盗[1]。他还提到靠近“龙牙门”（Long Ya-men）的一处交易据点，也许指的是位于吉宝港入口处的那些岩台。作为一位明朝早期的航海家，汪大渊还发现那些经过淡马锡，穿越巽他海峡（Sunda Strait）**向西航行的船只都安然无恙，而那些向东驶向中国南海的商船往往会受到大量武装船只的攻击。更早则源自公元3世纪东吴将领康泰所著关于马来“蒲罗中”（P′u Luo Chung）的记载，意思是“马来半岛末端的岛屿”[2]。据称岛上生活的是一群原始的食人族，同时在中国南海巡游捕食渔猎。淡马锡位于曾经联系马来半岛和印尼群岛的巽他大陆架的咽喉部位，这里可提供良好的庇护以躲避海上东北、西南季风，同时可为从印度洋进入中国南海的船只提供向导[3]。事实上，曾经的淡马锡，也就是现在的新加坡，一直都享有得天独厚的资源禀赋，这包括对贸易至关重要的海上航道的控制权、天然良港、充足饮用水等物资，以及便于防御的地理位置。这些禀赋一直保持到当下，成为新加坡最主要的优势。

---

* 南洋是明清时期对东南亚一带的称呼，是以中国为中心的一个地理概念。包括马来群岛、菲律宾群岛、印度尼西亚群岛，也包括中南半岛沿海、马来半岛等地。——译者注

** 巽他海峡（Sunda Strait）位于苏门答腊岛和爪哇岛之间，是沟通爪哇海与印度洋的航道，也是北太平洋国家通往东非、西非或绕道好望角前往欧洲航线上的航道之一。——译者注

后来，新加坡被卷入西侧的司力维家岩王朝（Srivijayan Empire）* 和来自东侧的满者伯夷国（Javanees Empire of the Majapahit）** 的权力斗争之中。司力维家岩王朝曾一度占领了马来半岛绝大部分，其首府巴邻旁（Palembang）*** 位于现在的苏门答腊岛。据说，苏门答腊王子桑尼拉乌达玛（San Nila Utama）在巡视新加坡时，在现在的新加坡河河口处看到了一头狮子[4]。依据马来纪年（Malay Annals），他在淡马锡建立了一座名叫新加坡（Singapore）的城市，也叫作“狮城”[5]。1365 年，淡马锡被满者伯夷国攻占，成为其藩属国；而 1390 年又被司力维家岩王朝侵占，当时淡马锡藩主伊斯坎德尔（Iskander）被驱逐出首府巴邻旁，躲到淡马锡请求庇护。作为一座城市，淡马锡南向面朝大海，北向背靠宽 5 米、高 3 米的堤防，从大海直至福康宁山（Fort Canning Hill）蜿蜒约 1.5 公里[6]。淡马锡布局示意见图 2.2。新加坡河形成全岛南侧防御工事的主体。岛内主要是树林和一座座茅草屋组成的部落，这些房屋采用底层架空的方式以利于通风。尽管距离明朝汪大渊和葡萄牙贝伦·佩斯（Torre Pines）的记载尚有一段时间，不过岛上居民可能已开始从事简单的转口贸易了。历史学家谭布尔（C. M. Turnbull）指出：“淡马锡就是司力维家岩王朝临海的一处前哨，在相对艰难的时期，岛上居民凭借帝国在海洋上的影响力，利用自身的地理位置在他人贸易中获利”[7]。与此同时，淡马锡被改作“新加坡”或“狮城”。

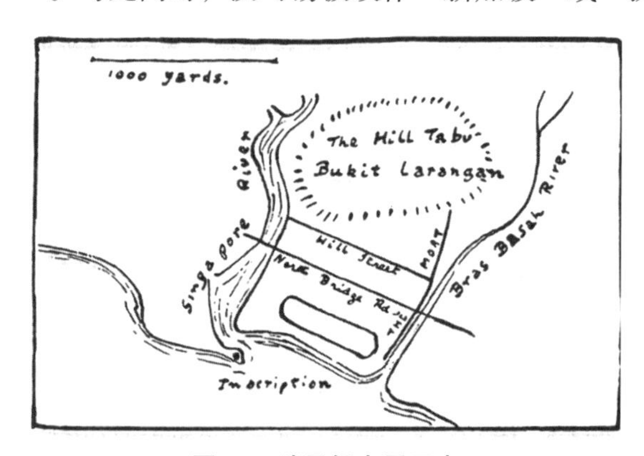

图 2.2 淡马锡布局示意

---

* 司力维家岩王朝是曾经在 7～13 世纪较繁荣的海上商业王国，主要位于现在的印度尼西亚。这个王国起源于苏门答腊岛的巨港（印度尼西亚南苏门答腊省首府），很快扩大了它的势力范围并控制了马六甲海峡。王朝的权力建立在对国际海上贸易的控制上，它不仅与马来群岛各国建立了贸易往来，还同中国和印度建立了贸易关系。——译者注

** 满者伯夷国是 13 世纪末建立于爪哇岛东部的封建王朝，位于今泗水西南的特洛武兰地区，首都也叫满者伯夷。该国曾是东南亚历史上最强大的王国之一，也是爪哇岛上最后一个印度教王国。——译者注

*** 印度尼西亚南苏门答腊省首府，原称“旧港”，又称“巴邻旁”。——译者注

1398 年，前淡马锡藩主伊斯坎德尔逃离淡马锡后，新加坡被荒废了一段时间，后来被一群海上游牧民族占据，他们有时会同过往船只进行交易，有时则直接对商船进行劫掠[8]。1507 年，葡萄牙人摧毁了苏丹国的海军势力，并攻陷了柔佛州（Johor）*，1511 年成功征服马六甲（Malacca），新加坡凭着特殊的地理位置成为当时马六甲苏丹国残存部分的前哨。那些撤退到新加坡的苏丹国残余势力，成为苏丹国的天猛公（Temenggong）**。然而，进入 16 世纪后的 150～200 年，新加坡的战略地位不断下降，这是因为马来人统治瓦解后，岛上出现了权力真空。新加坡在海上贸易及商业等方面输给了马六甲。1810 年左右，天猛公阿卜杜勒·拉赫曼（Abdu′r Rahman）建立了一个小村庄，并自称马来族海人（当时马来半岛上土著）的分支。天猛公的随从大约有 1000 人，其中绝大部分是海人（Orang Laut）***，少量华人，以及 20～30 个马来人。当时这里就是一处典型的马来村庄（图 2.3），天猛公气派的木屋被一群茅草屋环绕。当地人的生计主要依赖种植瓜果、丛林采集、出海捕鱼，偶尔会同外岛人进行交易，并对过往船只进行劫掠。当地人特意组建了一支 50 艘船只和 1200 人左右的海盗队伍。岛内还有一群华人从事农业生产，种植了 20～30 处黑儿茶茶园，此外还种植槟榔和胡椒等作物。可以说，新加坡早就不再是丛林密布、猛禽出没的蛮荒之地了。

图 2.3　一处典型的马来部落

* 柔佛州是马来西亚十三个州之一，首府新山。柔佛州位于马来西亚西部的最南端，东面是中国南海，西面是马六甲海峡，南面隔着柔佛海峡与新加坡毗邻。——译者注

** 天猛公，是苏丹国中的一种高级官职，一般负责国中治安，是苏丹宫廷侍卫、警察和陆军统领。——译者注

*** 海人一群早期生活在廖内群岛的马来原住民，也泛指任何生活在沿海岛屿上的马来族人，包括位于孟加拉湾与缅甸海之间安达曼群岛的原住民，也译作奥朗劳特人。——译者注

放眼世界，19 世纪早期，西方帝国已经迈入重商资本主义时期，为促进同东亚的贸易往来而拼命争夺海上航线的控制权。起初是葡萄牙，从中国澳门途经中国南海、马六甲，再经印度的果阿邦（Goa）*、非洲的莫桑比克和安哥拉，最终抵达里斯本。早在 17 世纪前 40 年，为躲避葡萄牙人在锡兰（如今的斯里兰卡）及马六甲航运的封锁，荷兰人在爪哇岛的巴达维亚（Batavia，印尼首都和最大商港雅加达的旧名）建立了贸易据点，在马六甲经巽他海峡进入南印度洋，巧妙绕过葡萄牙人，这种迂回的方式一直持续至1641年马六甲战役**葡萄牙人败北，此后荷兰人控制了巽他海峡和马六甲海峡长达一个半世纪。为了对抗荷兰人海上称霸的野心，英国人试图在马六甲海峡的最南端靠近巽他海峡的位置建立一处据点，从而为英国往来中国及马来群岛的商船保驾护航。1819 年，英国人斯坦福·莱佛士跟当地统治者天猛公签署初步协议，同年双方签署同盟条约，允许英国东印度公司在新加坡开店设厂，以换取英国向新加坡提供庇护及每年 3000 西班牙币的租金。自此，一个类似“租约”或“使用权”的协议正式生效，英国开始了对新加坡的“间接统治”[9]。莱佛士是一位能力杰出的管理者，他在明古连（Bencoolen，1685 年后成为英国的属地）任省督的时候，废除了奴隶制，并开展了其他改革。他还是英国东印度公司的经理人，其职位一直以营利为目的。他还是一位有着开明头脑，并热衷钻研当地语言及习俗的“好学生”。不过，直到 1824 年《英荷条约》的签署，并在驻扎官约翰·克劳弗德（John Crawfurd）的统领下，英国才完全享有对新加坡全岛的主权。1826 年，东印度公司将新加坡、槟城、马六甲和其他州归并成为“英属海峡殖民地”，新加坡成为首府，并派驻一位总督进行管辖。1824 年开展“狮城”第一次人口普查，全岛人口共计 10683 人。

1824 年，菲利普·杰克逊中尉（Philip Jackson）应莱佛士的邀请，编制了新加坡规划（图 2.4），新加坡被命名为“新加坡镇”。早在 1819 年，莱佛士的一位挚友——长期在马六甲和廖内群岛服役的威廉·法奎尔（William Farqhuar）上校，就着手在新加坡河东北岸修建临时营地和市场[10]。总体而言，杰克逊

---

* 果阿邦是印度的一个邦，位于以生物多样性著称的西高止山脉，动植物资源丰富。以海滩闻名，每年吸引着几十万国内外游客。——译者注

** 马六甲战役是 1640～1641 年，由荷兰与柔佛苏丹国联军向驻守在马来半岛马六甲城的葡萄牙人发动的战争，最终葡军因寡不敌众、缺乏援军及供给而败北。此战役是象征葡萄牙东方帝国衰败的符号性事件，从此葡萄牙人将马六甲海峡控制权拱手让给荷兰人。——译者注

的规划是照着现状“依葫芦画瓢”地画了一连串的社区。自西向东分别为：位于新加坡河西岸的华人社区、马来部落，接下来便是政务中心和欧洲小镇，再向东则是阿拉伯和伯吉斯区。规划沿着海岸延伸 6～7 公里，进深 1.5 公里。尽管同莱佛士设想有一定差距，规划真实地反映了当时种族隔离的现实，这一点同其他英属殖民地并无二致。规划主要受帕拉第奥（Palladian）和新古典主义（Neoclassical）思潮的影响，同时还效仿了 1812 年约翰·纳什（John Nash）做的伦敦规划。

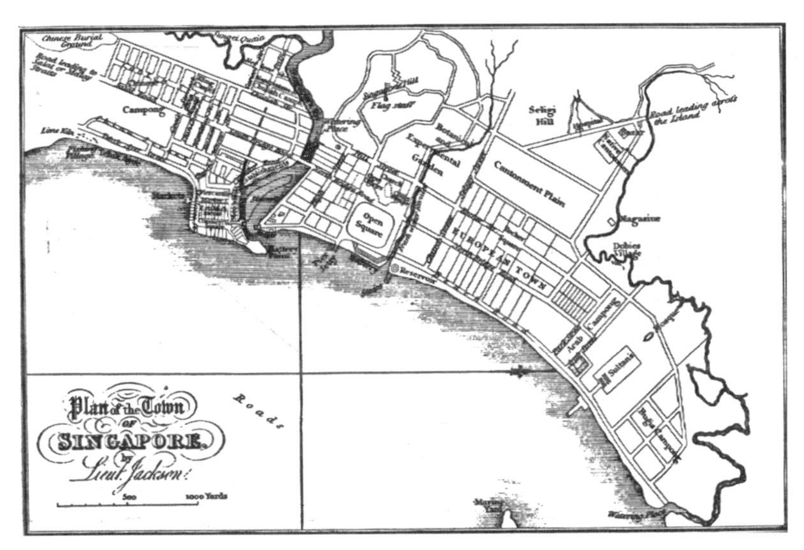

图 2.4　杰克逊中尉编制的新加坡规划图（局部）

空间形态方面，杰克逊的规划沿着海岸线布局了尺度各异、横平竖直的街巷和道路，形成了城市肌理结构，同时布置了大量的公共空间和运动场[11]。规划还充分尊重地形，例如福康宁山在欧洲小镇就起到了空间统领的作用，政府大楼就坐落在山顶。那些沿着主街排布的帕拉第奥风格的建筑，不断炫耀着大英帝国的权势和财富，这与位于西南区域拥挤又狭促的华裔店铺形成了强烈的反差。新加坡河作为主要商业和贸易活动的口岸，大量的驳船从这里往返于停靠在吉宝港的商船间（图 2.5）。简而言之，在英国统治早期，新加坡是一处规模相对较小，但发展迅速的殖民地（图 2.6）。在用地布局上，尽管沿海的部分区域实现了一定程度的混合，但整体上还是由一块块相对隔离的飞地组成。岛上的城镇中心、行政中心和港口非常明显的在空间上形成集聚，而周边则是分散且相对孤立的住区和店铺。目前新加坡中心区依然能清晰地看出彼时规划在城市肌理方面的影响，见图 2.7。

图 2.5　描绘福康宁港口和周围环境的图画

图 2.6　新加坡港口及集镇

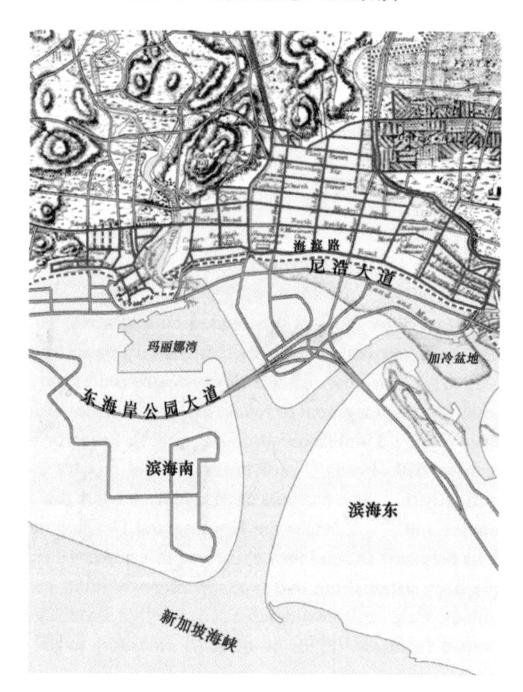

图 2.7　新加坡中心区城市肌理依然能体现出杰克逊中尉早期规划的影响

2.2　发展蜕变与森林损毁

正如前面所提到的，当莱佛士第一次踏上这座岛屿时，新加坡早已不是蛮荒之地。彼时，当地部落主要集中在新加坡河以北、加冷河（Kallang River）、榜鹅河（Punggol River）以及实里达河（Seletar River）河口地区，部落形式为原始渔村，对岛上土地基本没有利用和开发[12]。当时，岛上生物栖息地主要有三种类型：原始森林、淡水沼泽林及红树林。不过，到了 19 世纪中叶，随着黑儿茶、胡椒及其他作物种植园的扩张（图 2.8），除个别山顶和陡峭山坡，岛上的原始森林基本被耗尽。没有作物的地方，白茅草及其他灌木便乘虚而入。在全球食品市场需求的推动下，黑儿茶、胡椒及肉豆蔻被引入各大种植园进行广泛种植。20 世纪早期直至日本占领期间，香料又被橡胶所取代。20 世纪 80 年代以后，岛内农业生产的猪肉、鸡蛋、家禽已经实现了自给自足[13]。在发展之初，莱佛士已经认识到宝贵的土地不能全部用来进行房屋建设。毕竟，香料生意是欧洲人在东亚贸易中的基石，也是英国和荷兰海军争执并捍卫的核心利益。所以，英国东印度公司在新加坡设立海上据点后，1819 年莱佛士便在福康宁山的住所旁，建立了一处实验性质的植物园。后来，岛上又陆续建立了一座座肉豆蔻园，直到 19 世纪五六十年代，全部被害虫毁灭殆尽。

图 2.8　黑儿茶和胡椒种植园

18 世纪末，中国广东潮州人迁入新加坡，他们带来了农业耕作方法和港主制度*。这套社会组织制度引导村庄形成了特殊的形态：村庄中心主要为议事大堂、店铺、鸦片馆、赌场等，外围则聚集着猪圈、菜园和果园。这就为种植黑儿茶和胡椒腾出了大量的土地[14]。这些种植园一般由 9 或 10 个人共同劳作，直到 15～20 年的种植后，土地养分逐渐枯竭，又继续向外围开垦更多的土地。那些弃置的土地要么被次生林占据，要么长满了白茅草。岛内的交通都是通过河流、小溪进行组织的，联络武吉知马（Bukit Timah）、克兰芝（Kranji）和实龙岗（Sarangoon）的道路都是在 1819 年后几十年间才陆续修建。对水运的依赖意味着这些聚居点都靠近有通航条件的水道。简言之，新加坡远郊地区都是沿着水系，并围绕村庄进行扩张。这些星罗棋布的聚居点之间是成片的棕榈林，正好可作为屋顶铺设的材料。

黑儿茶、胡椒的种植及加工对生态都有一定的破坏，除了生长过程中占用土地资源并消耗土壤肥力，加工炒制过程也需要消耗额外的木材作燃料。这些都会导致对林木的砍伐和破坏。1883 年一份报道表明：像这样一处聚居点，每天需要消耗大约 2500 磅（约合 1134 公斤）薪柴，几乎和当初毁林开荒破坏的森林面积一样[15]。直到 20 世纪四五十年代，新加坡人才开始意识到黑儿茶和胡椒对生态的破坏性。这些作物对鸟类等野生动物也有负面影响，其中就包括已经灭绝的东方冠斑犀鸟（Oriental Pied Hornbills）等本土野生动物。生态环境的剧变也导致某些大型野生动物习性的改变，比如一些马来西亚虎就开始捕食家禽、家犬甚至人类。1830 年以来，新加坡人视马来西亚虎为威胁，故而对其进行捕杀，直到 100 年后最后一只马来西亚虎被猎杀。如今，由于大肆的捕猎及生存环境的破坏，岛上的野生马来西亚虎已经绝迹。最终，由于价格的下跌、薪柴的匮乏以及 19 世纪 50 年代末用于规范土地用途的地契法生效，黑儿茶种植面积才有所下降。但 100 多年的种植已经造成了岛上土地资源的过度消

---

* 港主制度（Kangchu System）指的是 19 世纪马来亚柔佛的一种制度。柔佛贵族招揽华人到港脚（两河之间）开垦，并称华人首领为港主。19 世纪中期，英国对新加坡附近海域的海盗进行征剿，严重损害了柔佛王族的利益。为了扭转人口减少、土地荒芜和财源匮乏的困境，柔佛皇族便开始鼓励华人前往该地区进行垦荒。1833 年（清道光十三年），柔佛－廖内王朝实际统治者天猛公达因依布拉欣［Temenggung Daeng Ibrahim，后被册封为拉惹天猛公敦达因依布拉欣（Raja Temenggung Tun Daeng Ibrahim）］创立了“港主制度”。当时柔佛王朝统治者招引大量华裔种植者迁入，掀起柔佛开垦拓荒之路，广泛种植黑儿茶与胡椒。当一个华裔种植者选择一条河流边上的荒地时，他需要向统治者申请一份叫“港契”（Surat Sungai）的准证。在这类准证里，统治者给他一大片土地的保有权，它的范围是在一条河的支流和另一条支流之间，支流流入主流的地方便是一个“港”，开港者称为“港主”（Tuan Sungai）。——译者注

耗，1900 年时新加坡全岛的森林已基本被破坏殆尽。

19 世纪下半叶，岛上大量的种植园相继迁至柔佛，基于港主制度建立的居民点依然临河建设，水运仍然是岛内主要的交通方式[16]。19 世纪 40 年代，欧洲人已迁至武吉知马区，与长期在此耕作的华人为邻。19 世纪 70 年代晚期，海峡殖民地当局打算着手调查辖区内天然林的情况，1879 年麦克奈尔（McNair）完成了调查报告，算是给当局提了个醒。后来，纳撒尼尔·坎特利（Nathanial Cantley）受托对殖民地国有林进行调查，1883 年，他撰写的报告对当局在林木保护方面的失职进行了严厉的批评。1884 年，当局成立林业部门，开始对森林资源采取保护措施。总体而言，新加坡保护林分为三类：城镇保护林、海岸保护林和内岛保护林，总面积分别为 1260 公顷、920 公顷和 2400 公顷，加起来仅占全岛 54 万公顷陆域面积的 8%。换句话说，在半个世纪的黑儿茶等经济作物耕种后，岛上超过 90% 的森林已被破坏。

19 世纪后 20 年，新加坡开始不断积累财富，不过并非在农业生产领域。1875 年，新加坡就已经成为东南亚主要的转口港，五年间贸易量增长了 8 倍。1860 年苏伊士运河通航，新航线从中国经新加坡、印度孟买，再途径苏伊士运河前往欧洲，新加坡作为其中重要港口，战略地位进一步凸显[17]（图 2.9）。不过，除了地理位置，新加坡的成功还仰赖四方面因素：第一是狮城转口贸易的运作方式：即私有企业在转口贸易中发挥核心作用，且政府与私有企业之间充分合作，彼此间不存在海关管制及类似于清朝政府在广州设立的公行*等组织；第二便是自由贸易，英国东印度公司的垄断早在 1833 年便土崩瓦解，这也使得新加坡成为东西方商人向往的乐土；第三便是充裕的腹地，特别是 1867 年海峡殖民地成为英直属殖民地，以及 1874 年以后英国控制了马来亚；最后一点便是当时正处于“大英盛世”，英国海军有足够的实力来维持海上航线的安全。1863 年至 1926 年，岛上贸易增长了 20 倍，是除去近 25 年之外新加坡发展历史上最辉煌的时期。人口的增长推动着城镇向郊区扩张，特别是沿着乌节路等道路发展。移民持续涌入狮城，不同民族混居在一起，种族融合的趋势愈发明显（远郊的乡村地区除外）。在 19 世纪末，全岛人口升至 226842 人，其

* 公行，原文为“Cohongs”。公行制度是鸦片战争前清朝政府特许的经管对外贸易商人的同行组织，也是专办外洋商船来广州贸易的组织，具体经办清政府对外商的一切联系事宜。最早的公行成立于 1720 年，它既是中外商人联系的中介，也是清政府与外商联系的中介，既有商业职能又有外交政治职能，如派驻领事、关税税率、通商等。——译者注

中 75% 为华裔，14% 为马来人，9% 为印度人，欧洲人相对比较少。当时，新加坡成为世界上最大的港口之一，全球排名第七，仅次于英国的利物浦。

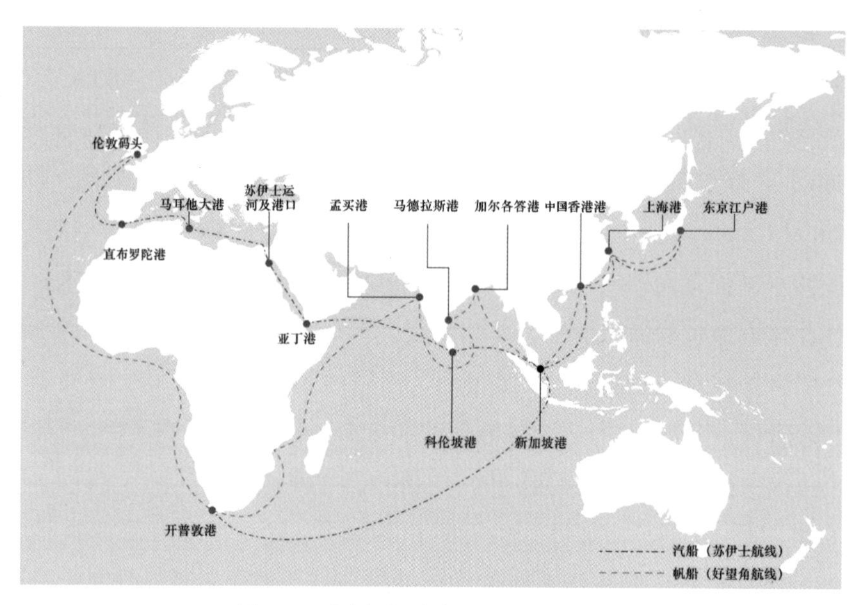

图 2.9　到达新加坡海上航线的示意图

2.3　繁荣的巩固

1900 年前后，有两个事件确保了新加坡的持续繁荣。一是汽车的发明及橡胶制品的需求，其中橡胶主要产地在马来腹地。二是食物保鲜上的创新，即使用罐头来储存食物，而制作罐头的锡同样来自马来腹地的冲积物。尽管无法精确界定，但 20 世纪初到 20 世纪 30 年代确实是新加坡发展富有成效的 30 年，期间同步发生了三种现象。首先是人口的迅速增长，岛上人口从 1895 年的 20 万增长到 1920 年的 39.8 万，几乎翻了一番；紧接着 20 年，人口增长率略有放缓，但依然从 1920 年的 39.8 万增长至 1940 年的 75.5 万人[18]。其次是移民的涌入，以及更为重要的用于市政服务及改善提升的公共支出不断增加。前文提到，全岛人口在 20 世纪初期翻了一番，其中绝大多数是来自中国的华侨，这可能是狮城有史以来华人入境比例最高的时期，他们大部分都是为了躲避民国初期（1912～1920 年）的军阀混战。此外，英国人也一改过去放任不管的态度，开始关注社会公平和社会进步。在英国本土，维多利亚时期取得的经济成就已经无法掩盖日益暴露出来的社会弊病，工业化和随之而来的快速城市化也带来了环境污染和疾病的流行[19]。这些负面现象引起了人们对社会公益的关注以及对改革运动的呼声，尤其是在精英群体之中。再次是公民社会的出现。与世界上其他地方一样，新加坡的民主团体在这一时期开始萌芽，并对其社会结构产生了一定影响。新加坡的民主团体基本上以族裔为基础建立，这也体现了它独特的国家结构。例如，华人在1900年和1910年成立了联合联盟；马来人在1926年成立了新加坡－马来联盟；印度人在1923年成立了新加坡－印度协会[20]。虽然每个团体关注的领域不同、形式不一，但无论是华人还是英国人，都对民粹主义和颠覆势力绝不姑息，这已经成为海峡殖民地政治的主旋律。

这一时期，人们对于不断扩大的贫富差距表示出了担忧，同时呼吁政府改善城市生活条件及公共服务。当局通过律令管制和公共事务支出来应对环境的脏乱和社会的分裂，其中公共事务就包括了公共服务、公共卫生及公共安全。具体而言，包括1896年颁布的“采光及通风”规定，以及1897年的辛普森报告（Simpson report）中关于住房状况的调查，最终促成住房委员会（Housing Commission）的成立及相关立法的生效。该组织被授权对居住条件恶劣的社区进行改造，这为贫民窟的拆除扫清了法律障碍。1913年，新加坡颁布了一项法令，规范城市污水排放和街道照明，这与当时的英国、美国和欧洲保持了同步。到了20世纪20年代，新加坡已经有一定的公共基础设施，并初步具备现代的城市规划要素，包括交通（图2.10）、公园和道路，20世纪20年代新加坡地图见图2.11。和其他城市一样，富裕的郊区比贫困的市中心拥有更好的服务。1867年以来，为应对人口增长所带来的需求，新加坡开始着手建设水库，包括麦克里奇水库（MacRitchie Reservoir，以设计并建造它的工程师麦克里奇命名）、1911年建成的卡朗水库（Kallang Reservoir）和1922年建成的双溪实里达水库（Sungei Seletar Reservoir）[21]。1900年，卡朗河和实里达河位于水坝上方的流域成为城市中央汇水区，有效地保护了该地区的原始及次生林地，这片林地在1951年被划定为自然保护区。水坝的修建在一些人看来是一件幸事，但在其他人眼里却是祸端。当然，岛上从此有了充足的淡水及植物保护地，但同时也失去了大量的淡水沼泽林。福兮祸兮？

再来关注橡胶领域，尽管新加坡自身橡胶产量不大，但在橡胶树的培育方面却发挥了重要作用。无论是在马来半岛推广橡胶种植，还是促进橡胶产业发展，植物学家亨利·尼古拉斯·里德利（Henry Nicolas Ridley）都功不可没[22]。新加坡岛内就有几个橡胶种植园，面积大约8000公顷。然而，在20世纪20

年代末和 30 年代的大萧条期间，由于橡胶和乳胶价格急剧下跌，橡胶生产也受到了显著影响。到了第二次世界大战日本占领时期，缩减的橡胶园被穿插种植的菜园所取代。除了橡胶以外，当地人还试图种植木薯和利比里亚咖啡作为经济作物，特别是利奥波德·沙塞里奥（Leopold Chasseriau）在他邻近中央汇水区约 485 公顷的庄园里所作的尝试，然而收效甚微。

图 2.10　芽笼街上的电车

图 2.11　1911 年新加坡地图（图上右下角：新加坡本岛及其附属岛屿）

1819～1945 年，英国对新加坡经济发展成果的分配制度限制了华人农业生产活动[23]。为了满足不断增长的人口需求，当地小规模的家庭农场增加了黑儿茶、胡椒和肉豆蔻等经济作物产量。1834年东印度公司退出了历史舞台，公司一些前雇员也开始经营种植园以获利。一般而言，种植园的作物相对固定，所以无法有效应对土壤贫瘠化、病虫害等灾害，而华人的家庭农场虽规模小，但开销小，且单位面积产量高。所以，在1945年，以家庭农场形式开展的农业耕作是岛上最为重要的农业经济活动，不过这也导致了一些污染问题。另一方面，华商经常通过“赊单票制度”向这些种植园提供劳力。在这种制度下，华人劳工需要以较低的薪酬工作至少一年，以偿还前往新加坡的船票。此外，还有一部分酬劳需要抵扣食物、衣服和鸦片。所以，这些廉价劳动力在家庭农场中饱受剥削，且被排除在社会福利之外，几乎得不到政府的任何救助，还有一些劳工挤在密不透风的唐人街等地，进一步加剧了城市环境和生活质量的恶化。1905年爆发的霍乱夺走了759人的生命，绝大部分为华裔。

简要归纳一下第二次世界大战前新加坡的基本情况，可以说早期殖民政府很少从事土地管理，岛内人口显著增加。通过里德利的“人字形”橡胶提取法*，新加坡的橡胶及乳胶产业迎来一波小繁荣。岛上汇水区沿着水库发展扩大。然而，在土地开发的过程中，岛上原本的陆生原始森林由410平方公里缩减到2.01平方公里，新加坡原始森林分布见图2.12。淡水沼泽林由74公顷减少到1.33公顷；红树林由87平方公里减少到5.7平方公里。总体而言，571平方公里的原始森林锐减至9.04平方公里，仅为原面积的1.58%。这主要是因为农业的低效开发（图2.13）和混乱的土地管理所致[24]。

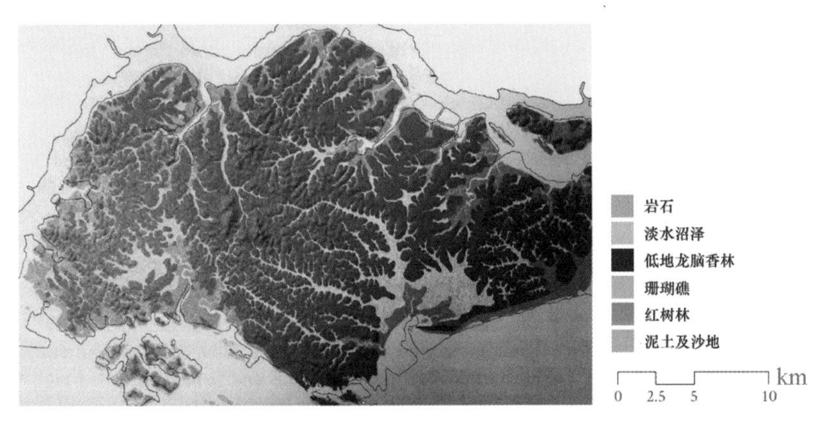

图2.12 新加坡原始森林分布图

* “人字形”橡胶提取法是由新加坡植物园园长、英国人亨利·尼古拉斯·里德利发明的。他学习斯里兰卡的橡胶提取经验，用“人字形”收割的方法获取橡胶，这样可以避免因橡胶快速流失导致橡胶树死亡，因而大大提升了橡胶的产量。——译者注

图2.13　19世纪新加坡一处毁林开垦的种植园

2.4　战争时期发展停滞

当日本打着“建立大东亚共同繁荣圈”的幌子蠢蠢欲动的时候，新加坡的防御（无论是在樟宜还是裕廊），都是基于抵抗海上的军事进攻。令人始料不及的是，山下奉文（Tomoyuki Yamashita）* 率领的日军横扫了马来半岛，通过陆路轻松进入了新加坡。1942 年 2 月，虽经过英联邦和当地政府的英勇抵抗，但新加坡仍然沦陷了（图 2.14），日军以此为据点，开始对荷属东印度群岛发动侵略。新加坡的日占时期史称“昭南时代”（“昭南”意为日本在昭和年间，南进所取的新领土），对新加坡百姓及抵抗组织而言，这是一段黑暗又混乱的时期[25]。经过了英国一个多世纪的殖民统治，当地人早已习惯了沐泽在帝国“恩泽与庇护”之中。而在日本人的统治下，这座人口约 80 万的城市表面上由市政府负责管理，实际上却处于日军宪兵队残暴的军事管制中。占领的头几个月，日军奉行“恐怖主义”，大肆开展大清洗、酷刑和屠杀。尤其华人受到了残酷的镇压，部分原因是因为南洋华人通过汇款和义捐为中国抗战提供了大量经济支援，使得日军对华侨极其仇视。日本人对马来人置若罔闻，但却邀请印度人与他们狼狈为奸，事实上一些印度人的确加入了日军，而所有的西方人都

---

* 山下奉文（1885 年 11 月 8 日～1946 年 2 月 23 日），日本陆军大将，第二次世界大战时期日本陆军指挥官。太平洋战争爆发时，任第 25 集团军司令，指挥所部发动马来亚战役，并迅速攻占了英国远东海军基地新加坡，因此被称为“马来之虎”。之后曾率部在菲律宾吕宋岛顽抗，直到日本投降。1946 年在马尼拉被处以绞刑。——译者注

被关进了集中营[26]。日本人一面编织着“亚洲兄弟情义”的虚妄谎言，一面在岛内大肆进行“血腥镇压”。争取当地人拥戴的妄想，就这样被他们亲手粉碎了。

图2.14　日军攻占新加坡

除了强迫百姓营造“大东亚共荣圈”的假象，日本人还制定政策，将过去殖民时期的社会意识形态、政治法律制度等“上层建筑”彻底推翻。“昭南岛”成为一个自给自足的城市，岛内的工业、通信、商业和金融资源等都被用来应付战事[27]。这对一个长期以来推崇自由贸易外向型的经济体来说，是个显著的变化。日本的大型企业，如三井和三菱开始掌管马来亚经济的命脉。此时，新加坡开始了进口替代措施，不过只能采用因陋就简的形式：例如，用菠萝纤维代替了绳线；用竹子造纸；用棕榈油制成油脂和润滑剂。1942 年年中，日籍商人大量涌入，同年 11 月，第一艘新加坡本土产的蒸汽船下水起航。

日本军事管制的另一个结果，便是急剧的通货膨胀。日本人在新加坡推行了一项收入索取政策，该政策主要以牺牲华人的利益为代价，通过掠夺当地华人的经济收入，以资助日军发动侵略战争，自此，新加坡经济进一步衰退。日本占领时期的城市公共服务被视作自负盈亏的行业。粮食（特别是大米等主食）也变得短缺，主要原因是新加坡对外自由贸易被切断，被迫转向了自给自足的生产供应方式。日本人不再推动新加坡教育制度变革，转而强调忠诚和民粹意识，以及务实的技术和职业教育。在自然资源方面，日本人保护了水库，鼓励用蔬菜园代替经济作物种植园[28]。著名的莱佛士博物馆藏品和植物园得以保存，不过被一位日本植物学家关科里巴（Kwan Koriba）据为己有。

战争时期的工业化运动也被证明是表面的和短暂的，尽管这一时期显示了新加坡进一步工业化的智慧和创造力[29]。然而，正如一位作者所说："日本人带来的不是亚洲兄弟情谊，而是残酷和暴政。"他们还表现出一种民族傲慢和优越感，这导致他们的许多计划都无法付诸实践。除了清除建筑物和恢复因战争中断的社会服务外，日本人几乎没有对新加坡进行重建的计划。唯一例外的是 1943 年日军动用战俘在樟宜地区建造的机场。该机场于 1945 年建成，也就是今天樟宜国际机场的前身。1943 年也是日本战事的转折点。与此同时，刚刚兴起的印度独立运动，开始在国际社会崭露头角。在这之前，日本人即便没有暗地支持，也一直采取睁一只眼闭一只眼的态度。到了 1944 年 11 月，美国人开始空袭新加坡港，空袭尽量避免对非日占区域造成破坏。1945 年 8 月，日军向盟军投降，9 月新加坡获得解放。尽管人们对英国是否继续享有统治权存疑，新加坡还是被交还给了英国人。英国在马来亚的政权垮台后的几个月里，殖民地办公室开始制定激进的战后重组计划。最初的一项提案是将马来州、海峡州、北婆罗洲［North Borneo，后称为沙巴（Sabah）］、沙捞越（Sarawak）和文莱合并为一个联盟，新加坡是其贸易和通信的天然中心。不过，这个计划最终没有得到贯彻，一方面是因为过于复杂，另一方面对于英国人而言，马来亚联盟在对抗共产主义中发挥着重要作用，伦敦方面不想因为新加坡的加入，导致联盟出现混乱局面。在英国人眼里，新加坡是一座重要的自由港、天然的防御基地，为缓和马来人对一个以华人为主的城邦居于主导的恐惧情绪，新加坡以"自由邦"的形式加入联盟。

2.5　后殖民时期的发展

第二次世界大战后，英国人公开承诺在新加坡采取非殖民化手段进行统治，并确保不会由共产主义政党接管，这一战术性策略使得新加坡得以从马来联邦中孤立出来。1946年，在东姑阿都拉曼（Tunku Abdul Rahman）*的领导下，马来民族统一机构（United Malay National Organization，UMNO，中文常简称为“巫统”，是马来人政党，成立于 1946 年 5 月 11 日）正式成立。东姑阿都拉曼强烈反对与新加坡的结盟，其原因有种族、文化等因素，当然还包括前文提到的对新加坡主导联盟的担忧和疑虑[30]。而新加坡方面，在 1949 年，李光耀和他在剑桥大学的一些同学成立了马来论坛，致力于建立一个独立的、社会主义的马来亚，而新加坡是其中的组成部分，因为他们认为新加坡领土实在太小了，很难靠自身生存下去。1954 年，李光耀在盟友马来共产党的帮助下，成立了人民行动党（People’s Action Party，PAP），采取共产党拥护的反殖民主义路线。新加坡于 1959 年自治，同年 5 月举行第一次大选，人民行动党赢得了社会主义人士的支持，李光耀出任新加坡首任总理。1963 年，时任总理李光耀在伦敦签署了马来西亚协议**。基于此协议，马来西亚联邦正式成立，联邦由新加坡、马来西亚、沙捞越和北婆罗洲组成。然而好景不长，1965 年 8 月由“巫统”主导通过的新加坡 - 马来修正案（Singapore Amendment to the Malay Federation）***，将新加坡“踢”出了联邦。突然，李光耀和他率领的人民行动党面对一个孤立无援、百废待兴的国家。引用当年李总理的原话便是：“我们必须生存下去……就像一条河流经过了蜿蜒曲折，才能汇入大海，那么一个民族也是一样，在到达胜利的彼岸之前，必然历经坎坷……每个人都会找到自己的位置，享有平等的语言、文化和宗教……我们不能在马来西亚实现民族大融合，但我们将在新加坡实现这一目标”[31]。

当新加坡的领导者们审视新加坡的时候，他们发现了什么？他们面对一个支离破碎的国家，一个在社会、经济上对外严重依赖的国家。第一，不断攀升的失业率，高达 17%～20%，自由贸易规模不断下降[32]。第二，大量难民从马来亚的其他地区涌入，导致岛内人口激增，由 1950 年的 100 万左右增长到

---

* 东姑阿都拉曼（1903 年 2 月 8 日～1990 年 12 月 6 日），1954 年，东姑阿都拉曼成为英属马来亚的首席部长。1957 年 8 月 31 日，马来亚联邦独立时，他被推选为第一任首相。1963 年 9 月 16 日，马来西亚成立后，成为马来西亚的第一任首相。他被尊称为“独立之父”“马来西亚国父”。1990 年，东姑阿都拉曼因病逝世，享年 87 岁。——译者注

** 20 世纪 60 年代的冷战时期，由伦敦、吉隆坡、新加坡自治邦、沙捞越和北婆罗洲各自代表在 1963 年签署新联邦的协议，新的联邦制国家就此诞生。自此，英国放弃对新加坡、沙捞越和沙巴的拥有权，日不落帝国的版图从此在东南亚消失殆尽。——译者注

*** 因为市场交易、税收、政治理念以及种族冲突等原因，1965 年 8 月 9 日新加坡被迫退出马来西亚成为独立的国家，马新正式分家。——译者注

1970年超过200万人。第三，多数人生活条件极为恶劣（图2.15），岛内人口密度高达2000人/公顷，人均占地不足10平方米。这主要是由于过度拥挤造成的。大约30万人居住在卫生条件较差的棚户区（图2.16），此外还有约25万人住在贫民窟。族裔间的隔离也导致了20世纪60年代的种族骚乱。由于第二次世界大战期间日军的不作为，岛内基础设施严重恶化。如图2.17所示，为应对人口激增，当局遂采用运粪车等设施来弥补基础设施的不足。周边国家局势也不稳定，例如1965年印尼爆发的骚乱。此外，新加坡的供水则严重依赖马来西亚，新加坡人清楚地记得日本占领时期，由于供水管网被破坏，全岛因用水紧张而陷入困境。为此，1961年新加坡市议会与马来西亚柔佛州签署了供水协议，该协议有效期至2011年；1962年，双方再次签署协议，该协议将柔佛州向新加坡日均供水量提高到了2.5亿立方米（折合114万立方米），并持续至2061年[33]。

图2.15　新加坡独立初期脏乱的居住环境

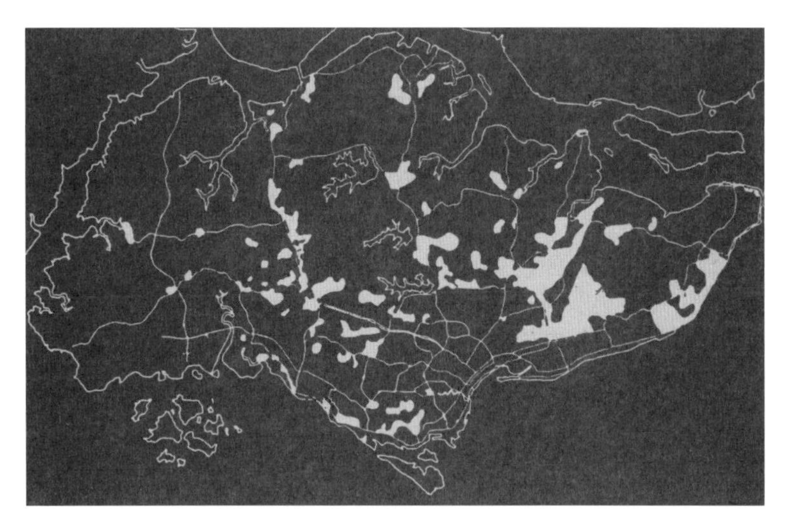

图2.16　新加坡棚户区分布图

图2.17　正在作业的运粪车

新加坡政府通过对当地资源有效利用以确保经济的繁荣。其中就包括当地成本相对较低、受过良好教育的劳动力，新加坡的这一优势可以追溯到殖民时期。此外，新加坡一如既往地保持贸易的开放，并充分鼓励投资。新加坡的产业还从依赖转口贸易转向了全面工业化。另一方面，新加坡政府积极倡导“集体消费”，使其成为吸引外商投资和制造业集聚的乐土[34]。稳定的政治环境和廉洁的官僚体制也是经济发展的重要保障。英语被保留下来成为新加坡官方语言之一，这使得新加坡在同美国和欧洲等国家开展国际贸易时具有一定的便利和优势。然后，便是有计划、有步骤地完善基础设施，并着手其他改善措施，以促进经济增长、资本积累和吸引外资。这一系列政策主要涉及以下内容：首先是为百姓提供公共住房，以降低他们的生活成本，从而为社会提供更廉价的劳动力。其次，为满足大量外商的需求，新加坡快速制定了工业基础设施建设计划，为外国投资人提供了完备的基础设施，例如裕廊工业园中一些“交钥匙”工程（图 2.18）。整个过程中，一些英国人留下的机制和组织也在持续发挥作用，例如机构董事会等。1960 年建屋发展局（Housing and Development Board，HDB）成立，1962 年经济发展局（Economic Development Board）正式挂牌。新加坡裕廊集团与经济发展局一起，市区重建局（Urban Redevelopment Authority，URA）与建屋发展局一道，都是既有管理权又有开发权的部门，有点类似于美国波士顿的重建局。

图 2.18　裕廊工业园中的一个“交钥匙”工厂

为引导、统筹城市建设促进城市有序发展，全岛范围内开展了多轮总体规划编制。首先，早在 1958 年英国人编制了第一轮总体规划，该规划充分体现了一个暮气沉沉的帝国对新加坡未来的构想。后来，在联合国的帮助下，一位名叫洛朗厄（E. E. Lorange）的挪威规划师，受雇开展了总体规划修编。1963 年，联合国资助了由柯尼希斯贝格尔（Koenigsberger）、艾布拉姆斯（Abrams）

和科贝（Kobe）等规划师组成的团队，编制了一个“项链城市”规划。依据该规划，新加坡将建设围绕中央集水区的环状交通网，外围则是城市发展区域[35]（图2.19）。1965年，新加坡开展国际征集，一个由澳大利亚人亨利·沃德洛（Henry Wardlaw）牵头的方案脱颖而出。1971年，新加坡完成概念规划，该规划在早期“项链城市”理念基础上进行细化。依据规划，到1992年全岛将能容纳400万人口[36]。除围绕中央集水区的交通环外，规划还构建了两条南北大走廊，走廊沿线规划有社区和住宅区，还包括高速公路和大运量轨道交通。在本岛西端的裕廊规划了重工业区，在东端的樟宜规划了新加坡国际机场和部分工业区。上述两个片区的选址都避免与现状和规划的城区相冲突，并与全岛公共交通系统相结合。总体而言，该规划在南部沿海布置了一条密集的城市发展带，并在多中心的周边提倡中等强度的开发。

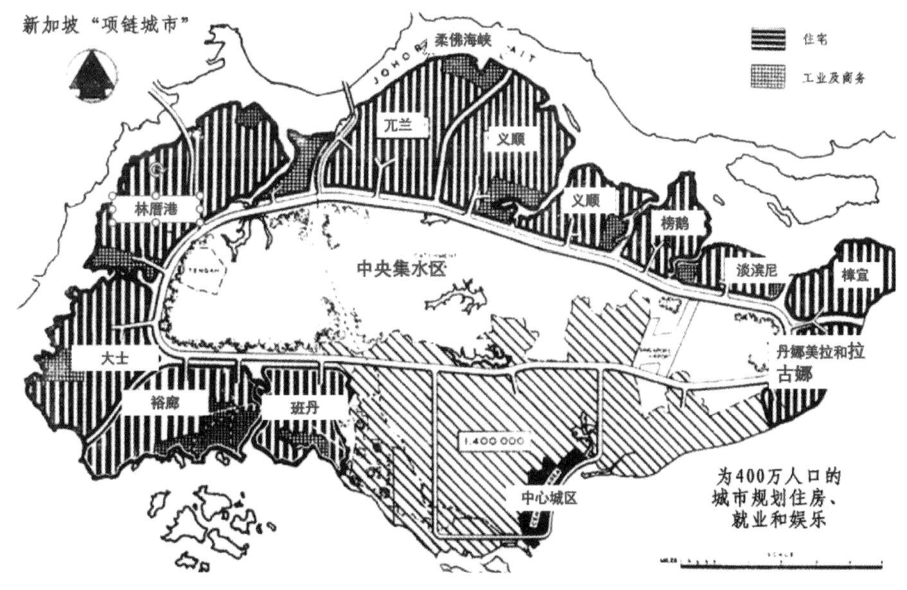

图2.19　1963年柯尼希斯贝格尔提出的“项链城市”概念，最终被纳入1971年的城市概念规划

新加坡还制定了一套总体规划编制程序，即每10年对概念规划进行评估，总体规划则是每5年就必须进行一次评估[37]。这一制度为诞生在1971年、1991年、2001年和2011年的宏观层面“概念计划”，以及诞生于1965年、1970年、1975年和1985年的中观尺度总体规划奠定了基础。1998年以前，总体规划是一份“蓝图”式规划，只是定期进行更新，以反映已经存在或经批准的开发项目。总体规划并没有积极传达未来的规划意图和允许用途，规划管理人员在受理开发申请时，通常借助于不对外公布的“抽屉式”规划。20 世纪 90 年代编制的“发展指引规划”以透明和系统的方式，清晰罗列出了每个规划区未来的规划意图。这些规划最终于 1998 年完成，并在新加坡《宪报》上进行公布，详细说明每个地块未来愿景及发展，这些都有助于制定新的总体规划。目前，“发展指引规划”的编制方法已纳入每五年一次的总体规划评估之中，因此“发展指引规划”也完成了使命，从而退出历史舞台。

在水资源方面，1965 年后，新加坡一直致力于实现供水来源的多样化，而不仅仅单纯依靠柔佛州的供水。1971 年，总理办公室内设立了水资源计划部，研究新的常规供水来源以及非常规供水来源的范围和可行性，非常规用水包括再生水和海水淡化等。这项研究为 1992 年的第一个水资源总体规划奠定了基础，该规划提出了扩大集水区的策略，并提出了新生水（NEWater）的循环利用和脱盐水处理等。起初，水资源计划部效仿以色列顾问塔哈尔（Tahal）提供的经验。然而，新加坡的水资源条件与以色列大不相同，因此水资源计划部便探索编制了符合本国特色的（水资源）总体规划，规划期限为 20 年，规划期末为 1998 年[38]。随着时间的推移，他们逐步意识到，任何一个节水产业都可能极大而迅速地打乱需求预测。1972 年规划的供水方案中包含多种地表水源供给，包括勿洛水库（Bedok Reservoir）、克兰芝－班丹大坝（Kranji-Pandan Dam）以及东西部集水区域所汇集的水资源。同时，该规划对于结合周边用地获取多样的水资源补给也有充分考虑，主要包括城市溪流、河口拦河坝以及河流筑坝。当时地下水的可利用潜力很小，因此人们开始关注循环水或再生水，但并不提倡将经过处理的污水直接作为饮用水。不过，如果先将处理后的废水在一个大型蓄水池中进行稀释，并静置较长时期以实现自我净化，则有可能除去水中的颗粒物。相比之下，尽管全面推广海水淡化的成本依然很高，但由于不受天气波动的影响，仍被认为是一个可靠的来源。1966 年，裕廊工业水厂建成，由于无需达到饮用水的水质标准，因此，提供了一种稳定廉价的低质量水源供给。此外，1974 年，环境部和公用事业委员会建立了一个先进的中水回用试点工厂，二级处理后的废水经过反渗透和铁离子置换、电渗析和氨脱除等先进工艺，以达到饮用水标准。然而，这种膜技术中使用的膜材料价格昂贵，可靠性并不高。工厂运行了 14 周就关闭了。不过，这是新生水（NEWater）诞生的关键。与马来西亚的合作方面，1990 年，两国在 1962 年的用水协议基础上签署补充协议，该协议定于 2061 年到期[39]。

1963年，尽管受到高密度开发、土地空间紧张和其他资源的限制，李光耀总理依然提出了将新加坡打造成为一座“清洁”和“绿色”花园城市的伟大构想[40]。他还启动了“植树计划”（图2.20），这一举措显著地改善了城市景观风貌。“清洁和绿色”构想的目标之一是尽可能多地收集、蓄滞岛上每年241.3厘米的降雨，这正是1963年的旱灾给人们敲响的一记警钟。另一个目的则是让新加坡成为一个有吸引力的城市，尤其对外国直接投资而言。同时，领导层也坚信，通过提升环境质量，使得新加坡人对自己的环境感到由衷的自豪，会大大增进民族团结。根据1970年克利里（Cleary）编撰的报告，新加坡采取了一种综合的土地开发模式，即只在指定地点进行建设，以减轻对环境的影响。事实上，政府已经深刻意识到水资源安全的挑战，并对岛内环境予以高度重视。新加坡总理办公室还设立了一个反污染小组，以辅助实现总理的愿景，使新加坡迅速成为一个清洁、绿色的城市国家，并成功跻身第一世界的行列中[41]。

图2.20 李光耀总理正在植树

注释

[1] 见《新加坡历史：1819—1975年》（参考文献261）第2页。

[2] 见《新加坡历史：1819—1975年》（参考文献261）第1页。

[3] 见《巽他大陆架全新世海平面海侵和淹没湖泊地图》（参考文献228）。

[4] 见《新加坡历史：1819—1975 年》（参考文献 261）第 3 页。

[5] 基于《新加坡历史：1819—1975 年》（参考文献 261）第 3-4 页。

[6] 见《新加坡历史》第 116-117 页（参考文献 119）。

[7] 见《新加坡历史：1819—1975 年》（参考文献 261）第 4 页。

[8] 基于《新加坡历史：1819—1975 年》（参考文献 261）第 4-5 页。

[9] 基于《新加坡：一个发展中的城市国家》（参考文献 204）。

[10] 见《新加坡历史：1819—1975 年》（参考文献 261）第 11 页。

[11] 见图 2.5 所标注的位置和尺寸。

[12] 见《融入自然：新加坡环境史》中“1800 年以来新加坡的景观变化”章节（参考文献 200）。

[13] 见《融入自然：新加坡环境史》中“引言”章节（参考文献 200）。

[14] 见《融入自然：新加坡环境史》第 21-22 页。

[15] 见《融入自然：新加坡环境史》中“引言”章节（参考文献 200）第 23 和 28 页。

[16] 见《融入自然：新加坡环境史》第 28、32 页。

[17] 见《新加坡历史：1819—1975 年》（参考文献 261）第 73、95 和 97 页。

[18] 见第 1 章中所提及的人口数据。

[19] 见《新加坡历史：1819—1975 年》（参考文献 261）第 138 页。

[20] 见《新加坡历史：1819—1975 年》（参考文献 261）第 140 页。

[21] 见《融入自然：新加坡环境史》第 38-40 页。

[22] 见《融入自然：新加坡环境史》第 35 和 42 页。

[23] 见《融入自然：新加坡环境史》第 29 和 47 页。

[24] 见《融入自然：新加坡环境史》第 20-30 页。

[25] 见《新加坡：一个发展中的城市国家》（参考文献 204）第 46 页。

[26] 见《新加坡历史：1819—1975 年》（参考文献 261）第 190 页。

[27] 基于《新加坡历史：1819—1975 年》（参考文献 261）第 198、200、201 和 202 页。

[28] 见《融入自然：新加坡环境史》中“新加坡环境相关性”章节（参考文献 200）。

[29] 基于《新加坡历史：1819—1975 年》（参考文献 261）第 201、205、206、211、216、217 和 218 页。

[30] 基于《从淡马锡到 21 世纪的新加坡：重塑全球城市》第 10 章的 243-291 页（参考文献 143）。

[31] 根据 1965 年 8 月 9 日（周一）李光耀总理在广播电台发言的文字稿整理而成。

[32] 见《新加坡：一个发展中的城市国家》（参考文献 204）第 48 页。

[33] 见《新加坡水故事：一个城市国家的可持续发展之路》（参考文献 260）。

[34] 见《石硖尾综合征：香港与新加坡的经济发展与公屋建设》（参考文献 115）。

[35] 见《新加坡：一个发展中的城市国家》（参考文献 204）第 192 页。

[36] 摘自笔者在 2017 年 8 月 10 日与建屋发展局和市区重建局前局长、宜居城市中心主任

Liu Thai Ker 博士的访谈（见采访列表 33）。

[37] 见《新加坡：一个发展中的城市国家》（参考文献 204）第 192 页。

[38] 见《新加坡水故事：一个城市国家的可持续发展之路》（参考文献 260）第 15-16 页。

[39] 基于《新加坡水故事：一个城市国家的可持续发展之路》（参考文献 260）第 15-17 页和第 24-25 页。

[40] 基于《新加坡水故事：一个城市国家的可持续发展之路》（参考文献 260）第 35、39 和 46 页。

[41] 基于《新加坡水故事：一个城市国家的可持续发展之路》（参考文献 260）第 64-65 页。

第3章

03

蓝绿愿景

新加坡建国初期，时任总理、人民行动党领导人李光耀决定，新加坡应该成为一个清洁和绿色的城市，他探索并践行着他的理想。他认为，这可以吸引海外投资并促进旅游业的发展，这些都是新加坡当时迫切需要的。他认为“清洁与绿化”是解决岛内不平等现象的切实途径，也是最终建立居民身份认同和民族自豪感的手段。与其他地方一样，这类关于国家形象的表述也先后经历了多个阶段的转变。例如，“花园城市”* 的概念，后来演变成“花园中的城市”（City in A Garden）。到了20世纪末，新加坡市区重建局提出了“卓越的热带城市”（A Tropical City of Excellence）以凸显植被及热带的蓝绿特色。近年来，“自然之城”（City in Nature）作为与自然融合的城市发展概念被反复提及，该概念强调典型热带城市的自然景观特征，以凸显新加坡基于其地理位置和自然条件的发展模式。这个最新版本的目标还主张补充并强化城市环境中固有的“蓝绿”要素。其中包括种植更多本土和多样化的植物品种，丰富植被的高度层次来模仿森林结构，为不同动物提供栖息地生境。通过初期对植物精心的栽培，然后任其自然生长，除去任何人工痕迹，以营造一种纯天然的绿化环境。这种绿化的策略一改过去城市环境中“人工”压倒“自然”的传统，向人们展示了一种“超客体”“超真实”的体验。当然，世界上不仅仅只有狮城人善用造园和造景的技术手法来营造“虽由人造，宛自天开”的城市与自然环境。比如，以美国为例，从早期的“田园牧歌”（Pastoralism）意象最终演变成“花园里的机器”，体现了自然和谐的田园理念与人们追逐财富及权力之间不断爆发的各类冲突。此外还有意大利的坎帕尼亚大区（Compagna）的各类城市，以及其他欧洲城市的规划和计划。实际上，人造城市环境与自然环境长期处于此消彼长、你退我进的二元对立之中，这仿佛是人类文明进程中亘古不变的主题。不过最关键的是，新加坡人已开始以独特的方式来解决这一难题。

3.1 “清洁和绿色”的提出和推广

在李光耀最近的一本回忆录中，关于新加坡“清洁与绿色”运动，他是这样阐述的：“独立后，我尝试寻找一些方式，让我们与其他第三世界国家区别

* “花园城市”的英文原文即霍华德在《明日的田园城市》中所提出的“田园城市”（Garden City），一种兼有城市和乡村优点的理想城市，由于中文学界中历来将新加坡语境下的“Garden City”翻译为“花园城市”，本书译文中也采取了这一译法。——译者注

开来[1]。这个战略的目标之一便是把新加坡转变为东南亚的绿洲，因为如果我们拥有第一世界的环境标准，外商和海外游客就会把这里作为他们经商和旅游的大本营”[2]。他还写道：“我们必须创造一流的条件，不仅是环境，还应包括设施、卫生标准、服务、通信和安全等”[3]。简言之，“清洁和绿色”概念的提出，既是处于当时生存发展务实的考虑，也是他对这座初生岛国未来的期盼。李总理还指出，虽然表面上是为了国家更“绿色”，但实际上则是对更具包容性发展的考虑，因为该目标囊括了岛内生活工作的各个领域，同时还界定了与岛外的互动关系，以及新加坡人的自我认知，并引导着更公平地分配社会福利。“我当时认为，如果我们不创造一个全岛干净的社会，岛内就会有两个阶层：一个是优美环境中生活工作的上层、上层中产及中产阶层；一个是恶劣条件中生存的下层中产和工人阶级”[4]。

早在20世纪60年代城市发展的初期，除了一些正式项目外，岛内就开展了一系列清洁运动。例如，乱扔垃圾受到了严格的限制和监管[5]。这始于1968年10月开展的为期一个月的“保持新加坡清洁”运动，目的是制止公众乱扔垃圾，这个运动是一个长期计划的一部分，该计划还包括对公共卫生法的修订、污水系统的完善、疾病预防，甚至对流动商贩进行清理并发放许可证[6]。其中，流动商贩因为其产生食物残渣而散发恶臭，以及妨碍交通等原因，被广为诟病。反吐痰和反嚼口香糖运动为的是保持环境的清洁，并倡导市民更加文明的行为。新加坡还取缔了一些非法运营的出租车，这包括那些没有取得执照、没有购买保险，以及租用车况较差的出租车，不过这类现象直到1971年才得以彻底取缔。据说在1964年的一个清晨，李光耀在市政厅看见巴东（Padang）有几头牛在海滨广场上吃草。不久之后，岛上几乎所有的流浪动物都遭到了捕猎[7]。绿化运动的部分目的是在新加坡实现人与环境的和谐共处，并在工业化和环境保护之间取得适当的平衡。因此，一些大型项目也执行了更严格的环境标准，比如裕廊集团和住友集团合作的石化炼油厂项目[8]。在一次从波士顿访问回国后，李光耀注意到新加坡路边的树上满是汽车和卡车留下的尘垢，而美国的城市则不存在这一现象。后来他了解到这是因为美国车辆的年检制度有效地降低了污染。很快新加坡就引进了车辆年检制度，并向那些污染超标的车辆开出罚单。植树运动始于1963年，1971年之后植树活动开始固定在一年中的某一天，通常安排在11月，因为这是一年中植树的最佳时节（图3.1）。1976年，新加坡又开展了一项新的道路设施美化运动，通过种植灌木、藤蔓和乔木，对道路沿线的混凝土挡土墙、高架桥、人行天桥等设施进行覆绿[9]（图 3.2）。此外，到了 20 世纪 80 年代，为了增加城市绿化色彩的丰富度，开始在全岛大量种植三角梅、木槿、苦苣等灌木（图 3.3）。

图 3.1　新加坡的植树活动

图 3.2　对道路人行天桥进行覆绿

图 3.3　利用三角梅、木槿等灌木美化的道路分隔带

岛上的“清洁运动”也导致许多小规模的家庭农场被关闭。到1982年，新加坡在猪肉、鸡蛋和鸡肉等农产品方面已经实现自给自足，1968年，岛内农业总产值约为2.85亿美元[10]。到了1984年，为了提高农业生产效率，初级生产部门提出逐步淘汰小规模农场，因为这些行业被认为是落后且存在严重污染的产业，尤其是养猪业。不过，当年把农田改造成农业科技园的计划并未实现，而今新加坡的农业仅占国内生产总值的0.2%[11]。到了20世纪80年代中期，相比1965年独立时，新加坡变得更干净、更绿色、更环保。除了更接近跻身第一世界城市的雄心，距离另外三个目标也越来越近。第一是吸引岛外的投资人、商人和游客；第二是为国民提供引以为傲的自豪感和认同感；第三是在岛内，无论种族、无论贫富，都可以公平地享受到舒适的自然环境。此外，“花园城市”中的“城市”，也不再单指由建屋发展局和市区重建局开发的那些光鲜亮丽的新项目（建屋发展局不动产项目分布见图3.4），还包含了对历史的保护。

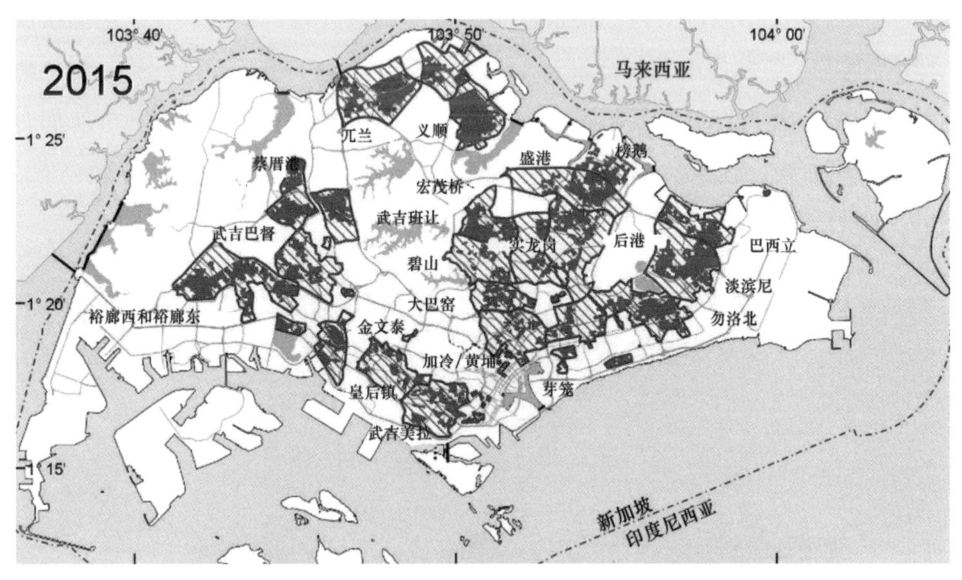

图3.4　2015年新加坡城市化进程中建屋发展局的不动产分布

3.2　从“花园城市”到“自然之城”

“田园城市”是城市规划中的经典理论，由英国人埃比尼泽·霍华德（Ebenezer Howard）爵士于1898年提出。“田园城市”的初衷是构建一个自给自足的社区，社区由一圈圈绿带环绕，并包含一定比例的住宅、工业和农业。其灵感来自 19 世纪末社会乌托邦关于生活的理想。霍华德在 1898 年出版了《明日：一条通往真正改革的和平之路》，后来在 1902 年再版时改为《明日的田园城市》[12]。霍华德提出的田园城市可以容纳 3～3.5 万居民，社区采用同心圆的布局模式，其中布置了开敞空间、公园和呈放射状宽阔的林荫道（图 3.5）。一个田园城市是能实现自给自足的，还能和其他类似的社区进行有机联系，形成大城市中心区外围的卫星城。和立国之初的新加坡一样，田园城市也是为了解决当时英国工业革命时期的城镇普遍存在的过度拥挤、破败和环境脏乱等问题。它还代表了一种城乡融合新的发展模式，并汲取了很多学者关于如何解决城市病的意见。很快，英国城乡规划协会（Town and Country Planning Association）正式成立，1899 年，第一个田园城市莱奇沃思（Letchworth）开始建设，距离伦敦大约 50 公里（图 3.6）。1919 年，离伦敦市中心更近的韦林（Welwyn）动工建设[13]（图 3.7）。

从一开始，田园城市运动很快便在世界不同地方赢得了拥护者，包括欧洲的多数国家、美国、南美、亚洲部分地区和澳大利亚。的确，从 1971 年的概念规划开始，新加坡就已经将这一理念融入规划和建设中的方方面面。从那时起，新加坡的建筑规范、土地利用规划和工程项目就开始要求提供绿化空间，

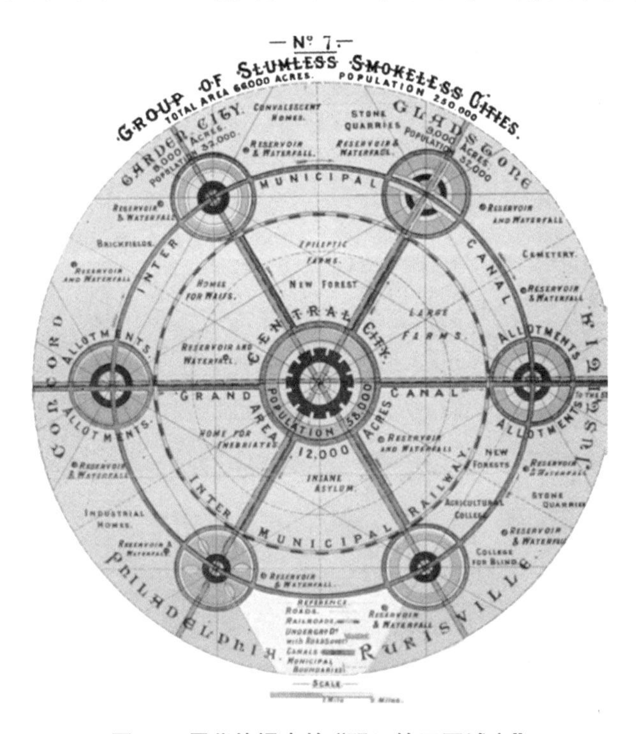

图3.5　霍华德提出的“明日的田园城市”

图3.6　英国的莱奇沃思

图3.7　英国的韦林

并使之成为城市发展中不可或缺的组成部分。新加坡作为花园城市的特别之处在于它始终保持着较高的开发强度，在这一点上区别于其他多数低密度的“田园城市”。一些人认为早期低密度的田园城市破坏了乡村，并带来交通和生活等诸多不便，而新加坡因紧凑的城市形态等原因使它避免了上述问题。在许多地方，这个理念指导所建成的“新城”不幸发展成为一座座乏味的“睡城”，而且多年都未得到有效的改善。纵观新加坡 1971 年、1991 年、2001 年和 2011

年的概念规划，可以看到霍华德早期规划对其的影响（图 3.8）。第一，将新城的用地划分为若干功能分区，特别是将工业与其他用途分开；第二，岛的中部和东西两侧都有很大的集水区，这些集水区提供了广阔的自然保护区、公园及游憩场所；第三，利用主要高速公路和交通走廊形成外围社区和新城之间的联系纽带；第四，采用独立社区的理念，其分区和核心区布局与霍华德 1902 年提出的田园城市类似。

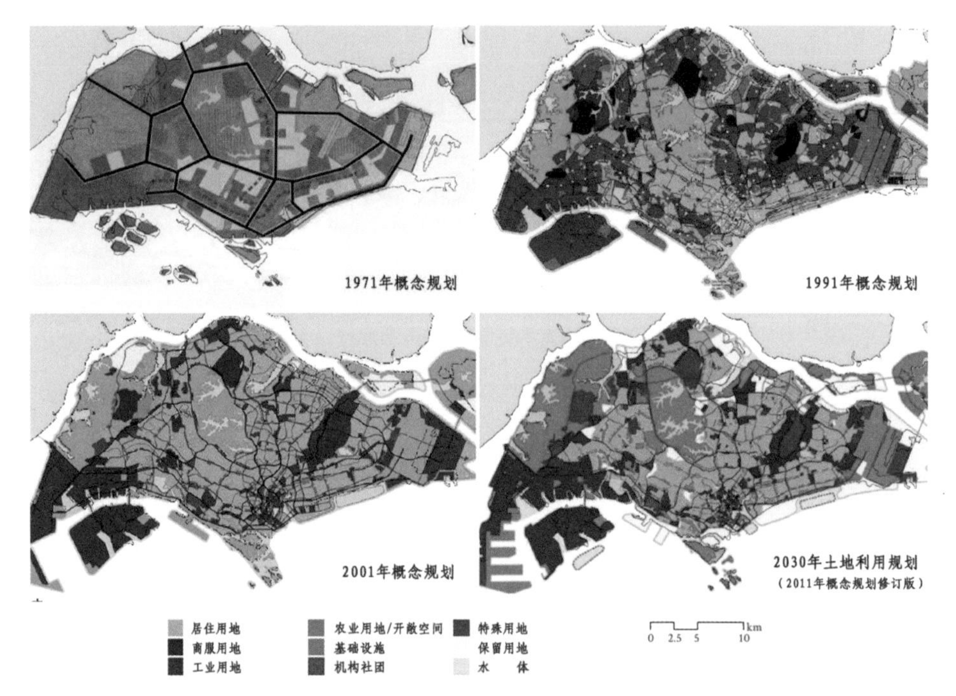

图3.8 新加坡长期战略概念规划中的土地利用和交通方案

不过，新加坡概念规划在总体规模和类型上也比较接近 1910 年的大柏林规划。这也是一次规划竞赛的作品，最终由赫尔曼・詹森（Herman Jansen）摘得桂冠，最终成果还融合了其他参赛方案关于大都市地区发展的图解思考。当时柏林发展十分迅速，人口由 1900 年的 100 万左右激增至 1910 年的 400 万左右[14]。这些都带来了城市过度拥挤和交通拥堵，更不用说大柏林区域合并带来的行政破碎化问题，同时问世的还有德国都市区布局模式，这是现代都市区在小尺度“田园城市”理论基础上的又一进步。值得一提的是竞赛中季军的方案由布鲁诺・默林（Bruno Möhring）、鲁道夫・埃伯施塔特（Rudolph Eberstadt）和理查德・彼得森（Richard Petersen）共同编制[15]（图 3.9）。其中，默林是一位建筑师，埃伯施塔特是一位经济学家，彼得森是一位交通工程师。

他们的方案有点类似于霍华德田园城市中“同心圆”的模式，城市的绿地与建设用地呈环形或放射状分布，已成为适应现代都市发展的布局模式（图3.10）。当时的方案是将城市中大量的住宅和工业用地进行隔离，同时加强建设用地同绿地景观之间的有机联系。即使在第一次世界大战以后，柏林依然延续了“同心圆加放射”的布局模式，这些都为现代大都市的规划和发展奠定了框架与典范，新加坡也是受其影响的城市之一。

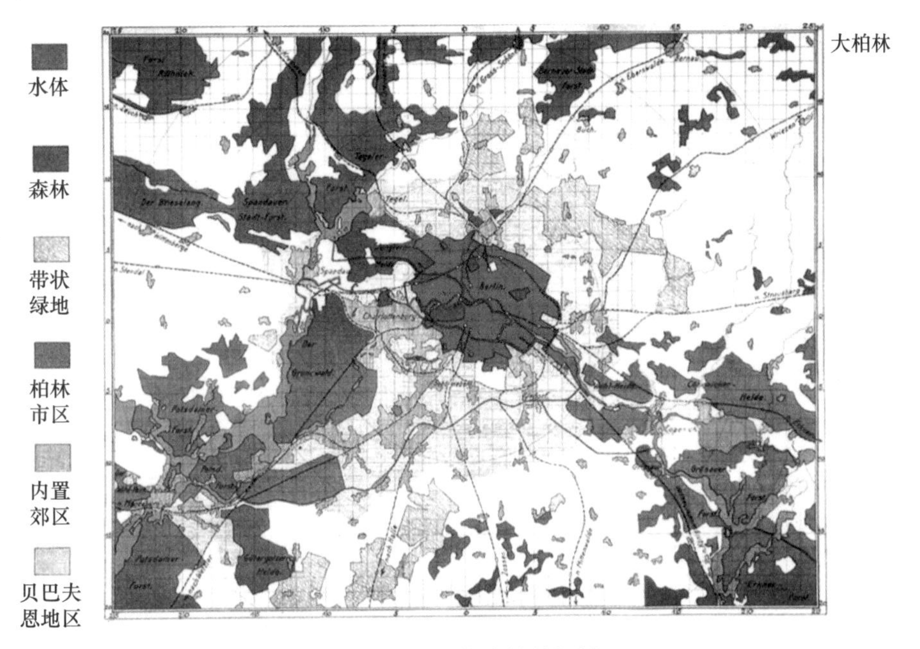

图3.9　1910年大柏林规划

图3.10　默林、埃伯施塔特和彼得森为柏林大都市规划绘制的示意图

植树和绿化运动的成功，促进了“花园中的城市”理念正式成为2004年花园城市行动委员会（Garden City Action Committee）愿景的一部分[16]。确切地说，是将城市人工环境置于大尺度的景观绿地之中。基本理念是让人们更亲近城市的绿化，并使之成为城市环境中重要组成部分[17]。它也促成了新加坡“蓝绿”规划以及街景绿化等规划的出台。人们不仅关注绿地景观的规模，更在乎环境的品质。这些都带来了立竿见影的变化，比如街道绿化植被的不断丰富，利用各式各样的公园形成城市绿化网络，以整合过去城市中破碎的绿化斑块。新加坡“花园中的城市”战略目标体现在以下六个方面：一是要建立世界一流品质的花园；二是复兴城市公园并活跃街道景观；三是优化城市绿地和游憩空间布局；四是提高城市环境中的生物多样性；五是强化景观和园艺相关产业；最后，是为了促进社区参与，共同创造一个更加绿色的新加坡[18]。

新加坡的城市形象从过去的“花园城市”向“花园中的城市”过渡，也是和最近新加坡政府致力于建设“自然之城”的努力分不开的[19]。在这一愿景下，建筑之间的植被以典型的热带植物为主，并体现出前殖民时期原始森林的一些特征。同时，压缩市域范围内道路通行的范围，在保障基础交通运输功能的基础上，以培育原生植被景观及生态群落（图 3.11）。同时，作为自然生态循环组成部分的各类野生动物（包括动物、鸟类和昆虫等）也会变得随处可见。其目的是让国人更舒适地与大自然亲密接触，以加强自然与城市环境的联系。当然，这种转变延续了之前将“花园”和“城市”视作同等重要的发展理念及实践。如果“自然之城”的发展愿景得以实现，新加坡的热带地域特征将进一步凸显，并在感官和视觉上得到充分的体现。

（a）

（b）

图 3.11 自然之城的蓝图愿景

3.3　隐喻的视角

广义上的“城市”和“花园”，作为象征着人居环境和人类社会存在形式的隐喻，已经深深地交织在一起，为了更好地去描述和解释这两个概念，我们往往需要依托二者之间的“对立性”，才能够更好地构建一种恰当且可行的路径去实现这两个目标。毕竟，隐喻是指某事物被视为其他事物的代表或象征，特别是抽象或复杂的事物。根据一些学者的说法，“花园”本质上是一种带有人造痕迹的语汇，而“景观”则更加的自然化。但不管哪一个词汇的使用都可能意味着“无声的语言帝国主义”*，即用统一化的词汇去归化它所适用的世界。在这里，花园与景观的隐喻与叙事可以分为以下几类。第一种是“叙事隐喻”，在这一语境中，花园与特定的历史场景、文化习惯等固有经验紧密联系，代表着一种怀旧、自然、和谐的传统生活方式。田园牧歌就是这一类型的例子。第二种是“类型叙事”，通常与起源、神话、宗教和地方文化传统息息相关。比如西方世界熟知的“伊甸园”“天堂”等[20]。这种隐喻的使用，多数（即使不是绝大多数）是为了将一些复杂的事物和情形进行简化，以达到控制、赋予政治意义或进行身份构建的目的。这里，并不是说这类手法的初衷是不道德的，正如人类学家经常告诉我们的那样，我们给自己讲故事是为了让自己感觉良好。这是一种非常人性化的应对和解释生活的方式。

这类叙事的典型代表就是美国的田园主义和田园牧歌，正如一位观察家评论的那样，“美国先是被发现，然后才是被认知……要成为现实中的地域，美国不仅要成为一个地方（空间），更要成为一种精神内核，一个能够在其中构筑身份认同和存在意义的实体”[21]。对早期的定居者来说，美国似乎是一片绿色的处女地，既宏伟又可怕。如此庞大的空间自身缺乏一种具有意义的文脉背景，因此早期开拓者必须在这里投射出一个新的，但是源于人类过往经验的生存环境。在此背景下，“新耶路撒冷”的宗教主题让早期的定居者建立了一个神话般的景象，那里的风景会让人们联想到《圣经》中的故事与场景。因此，通过这种诗意化的描述，美国这一“新世界”独特的观念得以强化，即它是一个城市和田园社会可以共存的地方。早期里士满的城市与乡村意象是美国田园

* 语言帝国主义（Language Imperialism）是把一种语言强加于说其他语言的人，它也被称为语言民族主义（Linguistic Nationalism）和语言统治主义（Linguistic Dominance）。当今时代，英语的全球扩张经常被认为是语言帝国主义的主要例子。——译者注

牧歌理想生活场景的典型代表，见图 3.12。

图3.12　美式田园牧歌：从山上俯瞰里士满

因此，神话般、理想的、带有隐喻意味的“田园牧歌主义”与近现代所谓的“现代技术本质”之间的对立，事实上反映了美国人的“城乡二分法”观点[22]。这两种人为建构的辉煌景象在美国人逐步建构身份意识和认同的过程中都发挥了重要作用，一边是对自然不断改良的诗情画意的田园生活，另一边则是爆炸式的科技进步（图 3.13），两者似乎存在长期的分歧。实际上，“田园牧歌主义”被证明是一种意识形态，它所倡导的理想居住空间超越了人类社会的日常现实。此外，田园牧歌的起源大体上可以追溯到“文化原始主义”*，即人类从与自然的接触中获得知识，并通过在自然环境中生长，实现道德的升华和精神的成长。此外，田园牧歌主义的概念至少有两层隐含意义。首先，它可以是一个“流行、感伤”的词汇，指代一种原始乡村现实与城市生活现实之间形成的鲜明对比；其次，它也可以是一个“富有想象力、复杂”的词汇，指代一种中介元素，联结文明与自然、城市与乡村、自然与艺术等[23]。根据一些历史学家的说法，作为联结中介的“田园牧歌主义”代表着一种“半原始主义”，它居于自然和文明之间，可以被视作人类文明与自然之外的第三个术语，代表着人类与自然世界之间的统一性[24]，如美国拉克万纳谷地（图 3.14）。

---

* 文化原始主义（Cultural Primitivism）：来源于人类学概念中的“原始主义”，诞生自 20 世纪初，主要有三层含义，分别是人性的原始主义，文化的原始主义和文学的原始主义。人性原始主义是本原性的，与人如影随形。当它投射于群体行为和文化形态时，便成了文化原始主义。——译者注

图3.13　一种代表着现代技术的图形

图3.14　拉克万纳谷的田园景象

随着大规模机器生产制度的出现，美国朝着“现代技术导向”的方向发展，这与前述的“田园牧歌主义”相反，这一转变孕育出了“现代田园牧歌”的概念，这一概念在20世纪中期大都市区的广大郊区中发展了起来。然而，现代田园牧歌并非一种乌托邦式的想法，而是一种意识形态上的追求。彼得·G.罗（本书作者之一）在《创造一种“中间的景观”》一书中，提出了“中间景观”（Middle Landscape）这一概念，用来描述20世纪中期美国大都市郊区的独栋住宅、购物中心、公司办公楼和道路系统等典型景观，在这种语境下的传统田园景观只是一种象征性的假象，其所蕴含的功能仍然是基于现代商业社会运作模式[25]。对于平等、英雄、理想过往的缅怀与追忆，掩盖了现代社会中种族隔离和精英主义等分裂国家的严峻问题[26]。因此，现代田园主义的支持者通过将对立的“城市”与“乡村”联系起来，期冀在城市田园社会中融合两个世界的精华，构建一个健康、和谐的美国田园社会*。

在欧洲，早在18世纪，城市就已经被视为一个可以与森林相提并论的“自然”实体。例如，马克·安托万·洛吉耶（Marc Antoine Laugier）在他的《建筑论文集》（1753年）中写道：“我们必须把城市看成一片森林”（图3.15），他提出的“原始小屋”定义了建筑的普适性与自然起源[27]。差不多两个世纪后的1955年，路德维希·密斯·凡·德·罗（Ludwig Mies van der Rohe）曾说：“事实上，再也没有城市了。就像我们失去森林一样，旧城已经一去不复返了，我们只有规划出的城市。这就是为什么我们不能再拥有旧城的原因。”[28] 19世纪初巴黎中世纪的市中心可能看起来像是一片森林，尽管它对奥斯曼（Haussmann）男爵来说更像是一片原始丛林，他决定调整城市格局并引入林荫大道（图3.16），这一版巴黎规划通过绿化设计为这座城市引入了一种新的秩序，由一系列具有戏剧化效果的城市场景组成：庭院、花园和森林。事实上，如果将奥斯曼的城市设计与勒诺特（Le Nôtre）的凡尔赛花园相比较，我们就能发现，在凡尔赛花园中的“大自然”被视作一个几乎密实的整体，小路和喷泉从中穿过[29]。除此之外，巴黎郊区的布洛涅公园（Bois de Boulogne）的早期设计也让人想起了奥斯曼在这些方面的设计手法和干预手段。因此，花园或公园的设计可以被视为对城市建设的隐喻，在这里城市被视为一座森林或丛林，需要通过一系列林荫道和景观大道进行合理和健康的组织。城市内部树木的大量使用也强化了城市作为一种大型花园或公园的理念。这一建设进程在19世纪欧洲的各个城市中以不同的规模进行着，小规模私人别墅中会设计小块绿地，而大城市中会建设公共的城市公园，以供不同社会阶层游憩娱乐。

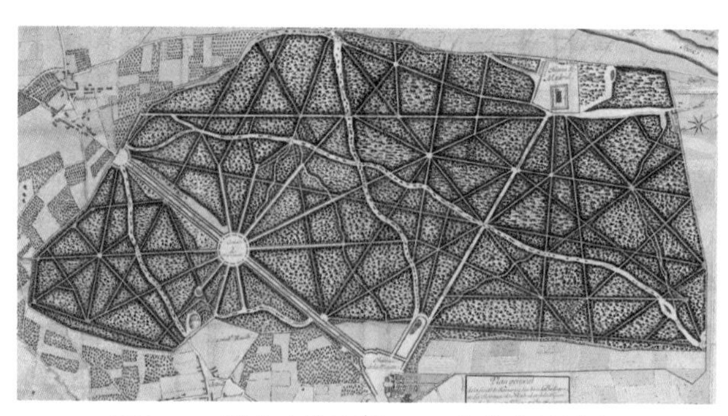

图3.15 城市中的森林——森林中的城市

* 此处内容根据彼得·G.罗著作《创造一种“中间的景观”》进行了一些补充，以期降低理解难度。——译者注

图3.16　奥斯曼为巴黎设计的放射状林荫大道

在意大利，正如卡内梅罗（Carnemello）所指出的，“花园所处的空间始终代表着土地和建设中各类元素之间的过渡，花园能够反映城市文化，且花园是建筑与自然、城市与乡村之间的过渡，是住宅、乡村与野生自然之间的过渡——通过渐进的通道彼此相连”[30]。事实上，意大利式花园自古就有兼顾“实用”（Utilitas）与“美观”（Venustas）* 的传统。自古罗马人以来，用于种植蔬菜的花园通常是别墅的一部分，被视作建筑整体中的局部，而这种观点也可视作不同尺度的公园诞生的源头。卡内梅罗曾写道：“如果我们认为花园是农业的最高表现形式，那么它无疑属于城市扩张的过程，作为城镇中宫殿的延伸，别墅则是其在乡村扩张的一种独特形态，是城市形成和发展过程中的一部分，是介乎建筑空间和自由开放空间之间的场所”[31]。城市作为一种具有活力且组织高效的整体空间，与作为滋养生命的“丰饶之角”**——乡村，分别体现着“良好治理”和“体面生活”的理想图景。安布罗焦·洛伦泽蒂（Ambrogio Lorenzetti）在锡耶纳市政厅的壁画就是这种隐喻的典范。（图 3.17）

---

* 古罗马作家、建筑师和工程师维特鲁威在两千年前所撰写的建筑理论著作《建筑十书》中，明确提出的建筑三原则是：“坚固（Firmitas）、实用（Utilitas）、美观（Venustas）”。——译者注

** 丰饶之角，原词为“Cornucopian”，来自拉丁语“Cornu Copiae”，意思是“Horn of Plenty”（丰饶之角）。罗马神话中，幼年时期的宙斯为了逃避父亲克洛诺斯的迫害，隐居在克里特岛，由仙女用母山羊阿玛尔忒亚（Amalthea）的乳汁喂养并抚养长大。童年时顽皮的宙斯在玩耍时把山羊的一只角折断了。为了弥补过错，宙斯施展神力，赋予了这只羊角神奇的功效，使它能源源不断产生出它的拥有者所想要的任何东西。这只羊角就被称为“丰饶之角”（Cornucopia）。——译者注

图3.17 “良好治理”对城市和国家影响的寓言（安布罗焦·洛伦泽蒂的画作）

由于根植于意大利传统，田园城市运动在20世纪被新工业主义和专断权威的当局所接受，以田园城市理论为支撑，意大利主要城市的郊区展开了新社区建设的热潮，这其中也可以体现意大利式建筑与花园的独特互动关系。这些花园社区——花园区（Quartiere Giardino）*（图3.18）或花园村（Borgate Giardino）被认为是成功的，因为它们既符合当地城市建设的传统，又吸收并结合了城市和乡村两种社区的特征[32]。例如，1920～1922年罗马的加巴特拉区（Quarterie Garbatella）住宅，每栋建筑基本上都是两层楼高的住宅，每栋楼都有私家花园和菜地。住宅本身被称为“小屋”（Baracchetto），或小巴洛克，从名字就可以看出，这种居住形式具有浓厚的怀旧色彩。同样的，1920年罗马的阿涅内河（Aniene）沿岸的花园城市（Citta Giardino）是一座规模更大、更符合“花园城市”内涵的案例。这两个社区都是意大利式城市建设的成功案例，体现了意大利人将文化价值观、园林设计传统与城镇建设进行有机融合的探索实践[33]。

图3.18 罗马的加巴特拉区住宅

* 花园区（Quartiere Giardino）成立于1920年，这里环境优美，建成后吸引了大量居民迁入，在成立的最初10年内扩张迅速，1930年该地区的人口密度已经成为罗马地区最高的城镇之一。——译者注

3.4　新加坡不断变化的城市及景观隐喻

19世纪前半叶的几十年，当英国人在这座岛屿上定居下来后，新加坡同其他英属殖民地一样重视贸易和当地农业生产。新加坡也因此不幸失去了几乎所有的原始森林和自然植被。当时的一些绘画作品和地图往往呈现出一幅英国乡村的景象，有开阔的田园、田地和农庄，一簇簇树林和农舍点缀在广阔的田野中，一直延伸至远处。但这是一种基于想象而非真实的画面，在对当地原始热带森林粗暴破坏之后，殖民者试图再造并维系一种类似英国本土田园般的“乡村画卷”，以体现对遥远祖国的相思与眷恋（图3.19）。不像早期美国人那样多以游牧为生，殖民初期的新加坡更多依赖的是农作物，可以说，英国人来了之后，这个国家的景观基本上是推倒重建了。这可不是“城镇”和“乡村”概念上的二元辩证关系，而几乎是对“乡村”部分的彻底重塑。

图3.19　新加坡早期田园般的景观

正如前文提到的近半个世纪，新加坡的城市形象从“花园城市”过渡到“花园中的城市”，前者意味着将“花园”的一些元素点缀到城市中，而后者指的是把“城市”布置在花园之中；后来又演变成为“自然之城”，这里的“花园”概念被重新赋予了更原生态、更自然的内涵，仿佛是要回到前殖民时期原始森林的状态。与此同时，“城市”的概念也在愿景、功能和多样性等方面不断拓展。而且，就像其他涉及“绿色”的内涵一样，通过去冗存精，新加坡语境中“城市”的内涵也得以简化：这是一个供娱乐、休闲，且可获得可观经济收益的城市。此外，从“花园城市”到“自然之城”的发展趋势也客观反映了新加坡发展阶段的变化。最初是殖民时期对自然环境的破坏，独立后开展了一系列城市清洁及美化运动，现在将“花园”植入城市就成了合理且可行的举措。植树等活动可以让新加坡公民参与到城市环境的改善中，并传递一种国民自豪感。此外，随着新加坡建屋发展局主导的项目日渐成功，人们也越来越意识到需要更自然、柔和的环境来消减人工建筑物的生硬和单调感。正是由于国民持之以恒的努力，新加坡慢慢变成了一座美丽的花园，城市中的建筑仿佛是从绿化中生长出来一般。近年来，对“自然之城”目标的倡导（尽管目前还没有完全实现）充分体现了新加坡的地方特色，不过其真实性和独特性还有待进一步挖掘。毕竟，作为一个热带岛国，新加坡有着鲜明的特征（这一点在前面已经介绍过），即这里环境更原始自然，生物多样性更为丰富，相应的生活体验则更具吸引力[34]。

当然，在“蓝”与“绿”相互交织的故事里，“自然”的理念也能与当下的国际环境、时代背景形成更好的呼应，并且在政治的语境上也带有强烈的可持续发展、生态关系甚至生存危机意识。在用水资源“独立”和可持续水源问题上，水文和水资源循环再利用的议题涉及一定的资源自主性、自然环境、生物多样性以及“蓝绿网络”的相关技术等内容。此外，它还意味着维护成本的降低，以及改善水系统运行，对环境更加“友好”[35]。诚然，相对于强大的自然界，单个家庭的影响力是有限的。如果没有坚实的生态基础，再广阔的花园也无法存活。不过，在这一趋势中，有些问题是无法回避的。首先，需要引导并培养国民对“自然之城”这一理念的认可和接受度。有趣的是，许多人往往愿意接触大自然吸引人的一面，同时却尽量避免不太吸引人的方面。比如一位博物学家就发现，人们很喜欢蝴蝶和蝴蝶花园，但却对其幼虫敬而远之[36]。其次，在建设“自然之城”的过程中，某些特定的建筑和公共基础设施会更受欢迎，其中包括墙面绿化和屋顶绿化；为骑行者、行人、慢跑者以及户外活动爱好者设置的专用慢行道等。最后，通过缩减一些道路的宽度，公共开放空间也将变得更加自然。一旦居民适应了这些变化，我们生活的城市环境也将变得健康、时尚，且令人振奋。鉴于新加坡是个热带国家，这些变化也可能意味着社区彼此间不再隔绝孤立，职、住、娱等功能将更加融合。

如果不谈形而下的现实意义，“自然之城”在哲学上也体现了“超客体”（Hyperobjects）概念，它有着宏大的时间及空间维度，让那些对事物传统的认知方式相形见绌。典型的例子包括生物圈的健康和气候变化等。“超客体”这个术语最早于 1967 年诞生于计算机学科中，用来指多维的、非局部的对象。哲学家蒂莫西・莫顿（Timothy Morton）把它借用在环境学中，以期实现理论“破题”[37]。区别过去将“自然”和“社会”作为两个独立学科的传统，莫顿从生态关联的角度指出我们与大自然是息息相关的。在他的著作中，他提出“自然”是一种独立于“社会”之外的存在，但却在社会的维系中发挥着作用。莫顿用“黑暗生态”一词来形容生态中出人意料、可憎甚至恐怖的一面，他还用“网络”一词来形容所有生物和非生物之间的关联性，并提出“无限的联系”和“无限的区别”等概念[38]。新加坡“自然之城”的理念也可看作是一种“超客体”的状态，特别是在强调生态环境、事物的自然演进以及人、物关系等方面。这些尝试都让新加坡成为世界上独一无二的国家。然而，这样一个目标能否对国人产生预期的教化效果，还有待进一步观察。不过，在不到两个世纪的时间里，新加坡在处理人与自然间关系的尝试不断深入，其城市形象从早期对英国乡村生硬的模仿，逐步过渡到一座典型现代化的“花园城市”，并向着更为复杂多样、物种友好，以及“自然”与“社会”紧密关联的“自然之城”演进。

注释

[1] 见《从第三世界到第一世界：1965—2000 的新加坡历史》（参考文献 171）第 200 页。

[2] 见《花园中的城市——新加坡花园发展故事：领导力与管治》（参考文献 197）第 2 页。

[3] 见《从第三世界到第一世界：1965—2000 的新加坡历史》（参考文献 171）第 309 页。

[4] 见李光耀于 1968 年为“清洁新加坡运动”发表的开幕讲话。

[5] 见《花园中的城市——新加坡花园发展故事：领导力与管治》（参考文献 197）第 5 页。

[6] 见《花园中的城市——新加坡花园发展故事：领导力与管治》（参考文献 197）第 6 页。

[7] 见《从第三世界到第一世界：1965—2000 年的新加坡历史》（参考文献 171）第 300 页。

[8] 见《新加坡保持前进的严峻现实》（参考文献 170）。

[9] 见《花园中的城市——新加坡花园发展故事：领导力与管治》（参考文献 197）第 78 页。

[10] 见《融入自然：新加坡环境史》中“新加坡农场和农业的终结”章节（参考文献 120）第 233 页。

[11] 见《融入自然：新加坡环境史》中“新加坡农场和农业的终结”章节（参考文献 120）第 234 页。

[12] 见《明日的田园城市》（参考文献 153）。

[13] 见《英格兰田园城市：简介》（参考文献 187）。

[14] 见《浮士德的大都市：柏林史》（参考文献 224）。

[15] 见《1890—1940 年大都市》(参考文献 247)。

[16] 见《公共治理案例——新加坡机制建设》中“建设一个花园中的城市”章节 (参考文献 196)。

[17] 见《花园中的城市——新加坡花园发展故事：领导力与管治》(参考文献 197) 第 78 页。

[18] 摘自笔者在 2017 年 6 月 22 日与 Lena Chan 博士和 Lim Liang Jim 先生的访谈 (见采访列表 17)。

[19] 见《建设一座自然中的城市》(参考文献 277)。

[20] 见《景观叙事：设计实践与故事讲述》(参考文献 210)。

[21] 见《美国的象征性景观，城市理想与田园牧歌》(参考文献 179)。

[22] 见《创造一种中间景观》(参考文献 226)。

[23] 见《花园里的机器：技术与田园牧歌理想》(参考文献 184)。

[24] 见《创造一种中间景观》(参考文献 226) 第 221 页。

[25] 见《创造一种中间景观》(参考文献 226) 第 200 页。

[26] 见《美国的象征性景观，城市理想与田园牧歌》(参考文献 179) 第 5 页。

[27] 见《关于建筑的论文》(参考文献 166)。

[28] 见参考文献 205。

[29] 见《改变巴黎：奥斯曼的一生》(参考文献 162)。

[30] 见参考文献 114 第 42 页。

[31] 见参考文献 114 第 180 页。

[32] 见参考文献 249。

[33] 见参考文献 249 第 30 页。

[34] 见《景观叙事：设计实践与故事讲述》(参考文献 210) 的第 5 页。

[35] 摘自笔者在 2017 年 8 月 17 日与 Leo Tan 教授和 Darren Yeo 博士的访谈 (见采访列表 30)。

[36] 摘自笔者在 2017 年 2 月 8 日与 Khew Sin Shoon 先生的访谈 (见采访列表 3)。

[37] 见《超客体：世界终点后的哲学和生态》(参考文献 190)。

[38] 见《超客体：世界终点后的哲学和生态》(参考文献 190) 第 65 页。

第4章

水资源及可持续性

新加坡的国家特质里，不仅有“绿色”和“清洁”的内涵，针对水资源供给及使用的“平等性”“吸引力”以及“可持续性”的考量同样上升到了国家战略高度。因此，尽管在2009年新加坡从马来西亚进口的水资源仍占总量的40%，但新加坡依然非常有望在2061年（即新加坡与马来西亚购水协议终止时）实现水资源的可持续性供给和使用[1]。新加坡对于“可持续性”战略的重视几乎到了“孤注一掷”的地步，以至于其他问题都可为其让步。目前，新加坡主要依赖“四大国家水喉”作为水资源供应策略。除了进口水，“本土集水区”主要借助河流、水渠、雨水管网所构成的网络来回收雨水并汇入全岛17个水库，通过上述方式可提供部分日常用水。尽管新加坡年降雨量非常充沛，但与美国波士顿、澳大利亚墨尔本等城市不同，这些城市在外围海拔较高区域拥有众多水坝，而新加坡的土地和汇水范围十分局促。因此，许多传统的水资源储存、处理以及供应的方法对于这个城市国家并不适用。基于此，新加坡提出两大水资源的补充策略，一个被称为新生水（NEWater），即新加坡的再生水品牌，主要涉及膜过滤和其他清洁技术；另外一个则是海水淡化技术。此外在需求层面，通过在用水源头采取个体节约的方式，积极有效地降低用水需求，从而改善水资源的使用效率（表4.1）。这一举措被认为是“第五大国家水喉”，从长远来看，这对于实现可持续的水资源供应同样具有举足轻重的作用。目前，新加坡即将实现到2030年每人每日130升水的供水目标（图4.1）。然而，新加坡供水方式的智慧与创新，与其说源自某一项具体的技术革新，不如说是源自全新理念的构建。与其他地区完全依赖大型初级存储、处理和供应系统不同，新加坡主要将水资源闭环系统与“用后水”（中水）结合，而不是对“废水”进行循环使用。

新加坡的用水结构分析　　**表4.1**

	2010年	2060年
生活用水	45%	30%
非生活用水（可饮用）	33%	42%
非生活用水（不可饮用）	22%	28%
非生活用水（总计）	55%	70%
人均用水	154升/天	130升/天
总计（万立方米/天）	173（100%）	391（100%）

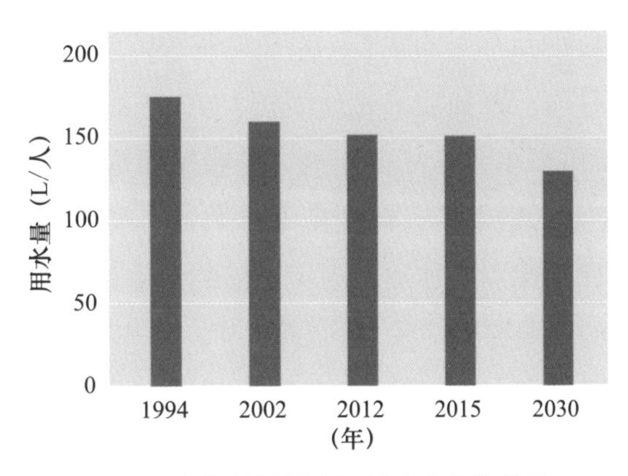

图 4.1　新加坡国民生活用水变化趋势图

殖民时期遗留下来的雨污分流系统，为新加坡日后持续而高效地扩大其雨水和污水网络奠定了基础。闭环系统的基本原理是尽可能地收集每一滴雨水，并周而复始地进行利用，以避免对大型储水设备的依赖，这是新加坡这座土地稀缺的城市国家的短板。污水的再循环处理需要持续不断的抽水工序，所需电力由污水热碳化及热电联产的技术提供。当然，通过这种手段也有助于减轻新加坡对石油和天然气等进口能源的依赖。尽管不能完全实现自给自足，但在水处理过程中也明显降低了对化石能源的依赖。最后，海水淡化以及新生水（NEWater）的生产进一步增加和“补充”了必要的生活用水总供应量。为了完成此项任务，众多技术先进的海水淡化厂如雨后春笋般出现在新加坡岛的外缘。新加坡不局限于常规单纯依赖膜、淡化和其他处理技术，通过拓展水源，并在储水供水方面采取颠覆性创新措施，以此奠定其在水资源可持续领域引领世界的、标志性的国际地位。此外，尽管在撰写本书时尚未完全实施，已经有足够的概念以及多处建成投产的海水淡化厂、供水系统、技术措施，确保新加坡在 2061 年前能实现水资源的自给自足。一些重要举措似乎可以推广到世界其他缺水的城市及地区。但除此以外，新加坡还需从世界其他地方获取至关重要的虚拟水产品[2]，以满足新加坡人在农业和工业方面的消费需求。所以尽管新加坡在生活用水等方面可以做到可持续，但与众多其他国家一样，仍难以实现虚拟水的可持续。

4.1　新加坡在水资源方面的短板与机遇

由于相对狭小的国土面积以及各类自然资源的极度稀缺，新加坡在实现

2061 年水资源可持续的目标上面临着一系列的制约因素。不过，新加坡也拥有一些优势和机遇。目前，新加坡的土地面积为 722.5 平方公里，其中约 140 平方公里为自 1959 年以来填海造陆的土地，分布于西部和东部，占总国土面积的 24%[3]。尽管国土面积小，人口稠密（每平方公里 7042 个居民），但通过在岛中心和河口修建水库，新加坡实现了足够的雨水和径流蓄水保有量。第 2 章介绍了这一举措的早期探索，发展到 2005 年，水库数量增加到了 14 个。时至今日，该数量上升到了 17 个[4]。随着最近建造的滨海堤坝以及榜鹅水库和实龙岗水库，新加坡的集水区现已覆盖了全国 2/3 的土地[5]（图 4.2）。相比之下，另一个以“生态及水友好”闻名的城市——澳大利亚墨尔本，则轻松借助其空间优势，通过沿维多利亚州中部大分水岭分布的森林保护区来收集雨水。尽管在足够规模的集水区支撑下其水资源储量充足，但在日益严峻的气候变化和干旱问题面前仍暴露出其脆弱性[6]。

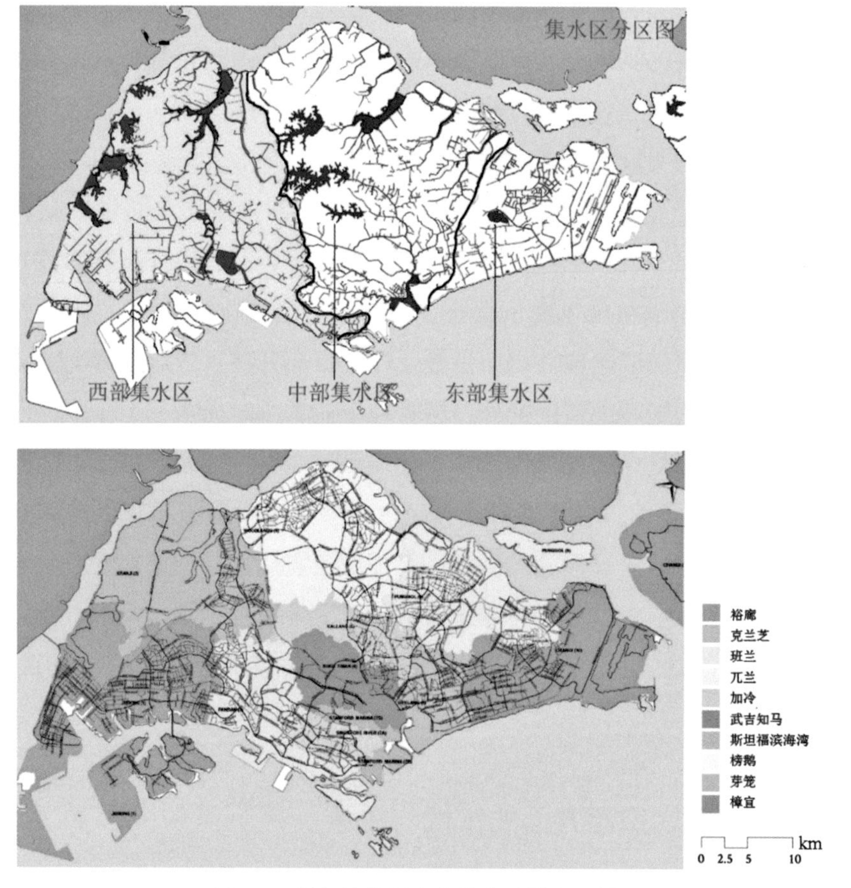

图 4.2 新加坡的汇水和排水系统示意图

与其他大城市不同，新加坡没有充足的地下水供应。正如前文所述，尽管新加坡公共设施委员会（Public Utilities Board）一直持续观察和研究这种可能性，但目前仍未将地下水纳入持续供应的潜在水源*。相比之下，新加坡因为地处热带地区，年降雨量相对充裕，约为每年2400毫米，岛屿周围的海水量也相当充沛。然而，热带季风气候的一个关键问题是降水量的季节分布严重不均，在旱季，水供应很可能会出现断档。类似1963年遭受的旱灾，尽管少见但仍有可能再次发生。季风天气还可能影响储水层和河口水域的相对盐度及其他化学成分，为海水淡化系统带来技术挑战。随之而来的是，与海水淡化工程相关的电力需求的波动以及盐度的变化会影响海水淡化厂的运行效率。显然，新加坡在考虑水供应问题时，必须在大量进口水资源和花费不菲的水资源循环利用（特别是使用淡化技术时）之间进行权衡。尽管如此，新加坡仍然从英国殖民时代的双重雨水和污水处理系统，尤其是地下水处理系统中获益。目前，生活用水处理能耗约为0.66千瓦时/立方米，随着海水淡化和中水回用的加入，该指标可能会翻倍，但伴随技术的发展，远期有望能稳定在每立方米0.75千瓦时的水平[7]。在此期间，新加坡约2%的电力已用于海水淡化处理[8]。

然而，与食品和工业生产产品的虚拟水消耗比起来，新加坡为实现生活用水可持续性而采取的措施显得杯水车薪。目前，该耗水量约是当前供水量的20倍。这里虚拟水的概念是指用于生产某种商品或产品的耗水量。它最初于20世纪90年代引入，用于缺水国家或地区通过贸易的方式从富水地区购买水密集型农产品以缓解缺水地区的水资源压力[9]。随即引申出更宽泛的水足迹概念，用于计算各种商品中的虚拟水含量，例如用水耗总量除以总生产量[10]。水足迹一般含有“绿水、蓝水、灰水足迹”三大要素。绿水足迹指产品（主要指农作物）生产过程中蒸腾（发）的水资源量；蓝水足迹指产品（主要为农产品）生产过程中消耗的地表与地下水的总量；而灰水足迹衡量的是将生产活动向自然界排放的污水处理达到一定标准所需要的水资源量[11]。无论如何，新

* 新加坡公共事业委员会成立于1963年，是负责为新加坡提供电力、管道燃气和水的法定机构。2001年，公用事业委员会的电力和天然气业务被转移到新成立的法定委员会，即能源市场管理局。然后，公用事业委员会改组为新加坡公共设施委员会。其致力于以综合、全面的方式管理新加坡的供水，集水和废水。本内容基于2017年2月9日对新加坡公共设施委员会主席Tan Gee Paw先生的采访，以及“亚洲新闻”频道的报道，“公共设施委员会致力于扩大地下水监测网络”（2016年5月26日，11：23 am）。——译者注

加坡在狭小的国土空间以及庞大的人口规模的共同影响下，无法在虚拟水方面达到可持续的状态。

4.2 新加坡“四大国家水喉”战略

在资源方面，新加坡依靠其“四大国家水喉”战略以及管理水耗的不懈努力，以期实现水资源的可持续[12]（图 4.3）。通过与马来西亚签订一系列水资源使用协议，新加坡获得了来自马来西亚柔佛州的进口水，也构成了第一大“国家水喉”，这一点在前文已作介绍。按照 2013 年勒努韦尔（Lenouvel）等人估计，该“水喉”每年可提供 2.5 亿立方米水资源，满足新加坡 40% 的用水需求。此部分水资源主要依靠传统的水处理工艺，转化为优质的饮用水。尽管有进口水源，新加坡政府还是认识到了补充可持续水源的紧迫性，于是从 20 世纪 70 年代开始加大力度创造更多的“国家水喉”来推动水源的多样化。

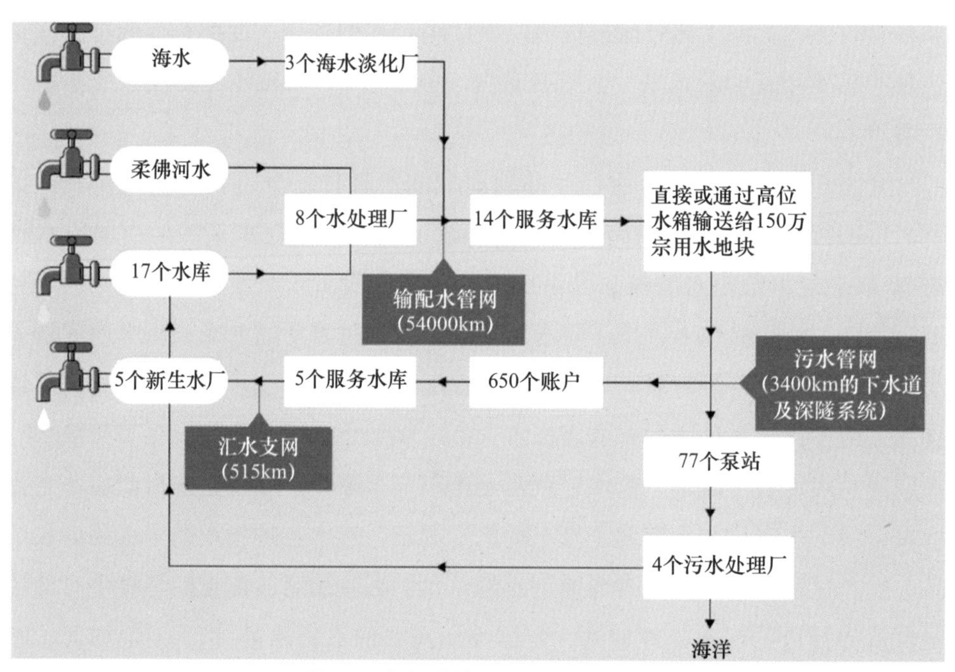

图 4.3 新加坡的“四大国家水喉”

第二个“水喉”主要指的是前文提及的雨水集水区和径流蓄水系统。它的历史可以追溯到独立初期的清洁运动（见第 2 章），以及李光耀对新加坡“清洁和绿色”运动的长期坚持。如今，新加坡的港口及工业活动主要集中在岛屿南部和西南部，远离主要的水道和水库。新加坡已成功开发了总共 17 个水库，并将集水区扩大到国土 2/3 的土地上。此外，该“水喉”的能源足迹也非常小，约为每立方米水 0.25 千瓦时[13]。

第三个“水喉”，主要指始于 2003 年的水资源再利用和新生水（NEWater）项目。时至今日，这部分可满足新加坡 40% 的用水需求。新生水项目最早始于 1974 年，由当时的公共事业委员会开始尝试水资源回收和处理的可能性，但由于当时的技术过于昂贵且不可靠，并没有取得实质性进展。直到 20 世纪 90 年代，由于技术进步降低了膜质的材料成本，公共事业委员会才重新考虑大规模水循环的可能性。2000 年，通过对其他海外城市的学习和深入研究，工程师们最终在贝多克（Bedok）设计并建造了一座再生水示范厂，奠定了新加坡新生水品牌的里程碑。“新生水”从根本上是一个污水处理和生产工艺，通过一系列技术处理，将废水转化为符合最高标准的可饮用水。这个工艺流程的第一个阶段称为“微滤”，是指处理过的水通过膜过滤掉固体、胶体颗粒、带病细菌、病毒和原虫包囊等细颗粒物*。通过此阶段后的过滤水只含有溶解盐和有机分子。第二个阶段被称为“反渗透”，主要利用半透膜上的微孔，进一步过滤掉水中的细菌、病毒、重金属、硝酸盐、氯化物、硫酸盐、消毒副产品、芳香烃、杀虫剂等不良污染物。所以，经过“反渗透”阶段后的水是相对纯净的，且只含有少量的盐分和有机物。所以在第三阶段开始前，水质已经相对较高，且可以作为反渗透的进一步补给。第三个阶段主要为“紫外消毒”，主要是为确保所有的生物都被灭活，进一步保证水产品的纯度。在将新生水存入罐中之前，还将进行酸碱平衡处理，通过添加一些碱性化学品以恢复水的酸碱平衡。最后，经过完整处理流程的水就可以通过管道配送至广泛的应用市场，主要涉及工业部门等非饮用水领域，例如需要超净水的晶圆制造厂。大约 2% 的新生水被注入水库与原水混合，并被送到传统的自来水厂进行处理，并最终输送至饮用水管网[14]。这种间接使用新生水的过程，一方面是为了推动广泛的公众教育，另一方面也是公共设施委员会帮助民众克服对再生水厌恶情绪的策略之一[15]。图 4.4 阐述了新生水的生产过程。新生水的三级处理技术，由于强化了去除营养物的过程，因此能耗相对较高[16]。例如，在世界其他地方，这种先进的废水处理工艺每立方米水的耗能从 0.39 千瓦时到 3.74 千瓦时不等。新加坡的工艺能耗约为每立方米水 0.95 千瓦时，总体来讲属于中低水平[17]。

* 微滤是一种物理过滤过程，其中被污染的流体通过特殊的孔径膜，从而将微生物和悬浮颗粒与工艺液体分开。——译者注

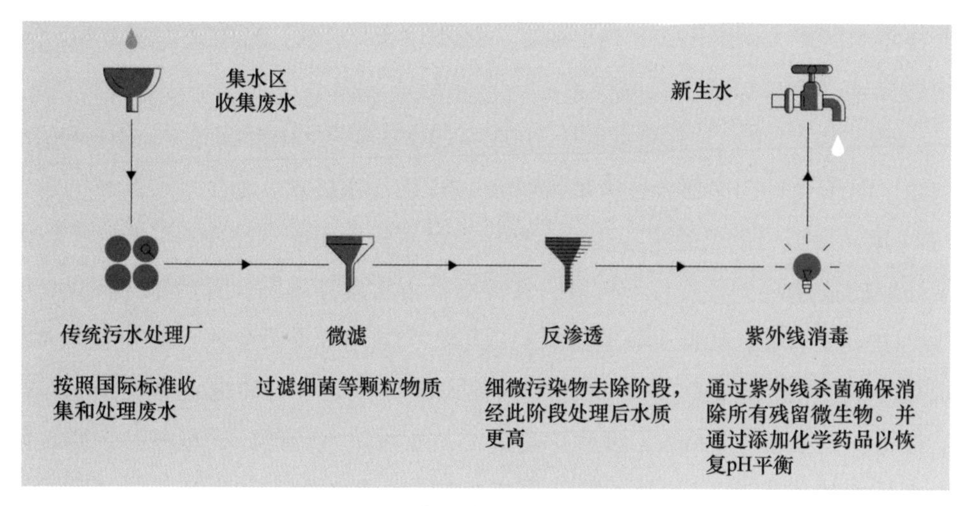

图 4.4　新生水处理工艺流程

第四个“水喉”为海水淡化，在新加坡，最初两个海水淡化工厂分别于 2005 年和 2013 年投入使用，年生产能力分别为 5000 万立方米和 1.15 亿立方米[18]。目前，海水淡化在供水中的份额约占总供水量的 8%。此外，进口水占 40%，雨水收集则占 30%[19]。按照三个海水淡化厂的总容量 1.3 亿立方米 / 天（折合 59.1 万立方米 / 天）计算，可满足新加坡 30% 的用水需求[20]，但每立方米淡化水的能源消耗高达 4.10 千瓦时，约占新加坡水处理能耗总量的 74%[21]。在新加坡，海水淡化也有不同的技术工艺。其中最有应用前景的是可变盐度海水淡化技术，旨在应对前面提到的因气候变化导致的集水区河口水环境的变化。由于水中盐分含量的明显变化，地表水收集系统需及时作出调整。在地表径流量大量汇入集水区的时段，海水淡化系统会相应地切换为淡水模式[22]。总体而言，该工艺也包含筛选、微滤、反渗透和消毒等流程，如图 4.5、图 4.6 所示，经过此种工艺生产的饮用水产品中总固体和盐度含量，符合世界卫生组织和美国环境保护局《饮用水指南和标准》[23]。该工艺的优点就在于通过模式转换大大降低能源消耗，同时能够显著降低投资和运营成本。

其他形式的海水淡化技术基本上包括两种，即反渗透和电渗析 - 离子交换联合技术。反渗透技术从 20 世纪 70 年代就已经出现，这项技术尽管有缺陷，但凸显了新加坡追求非常规水源的信念。这一过程通过用压力泵推动海水穿过可渗透膜，以过滤掉其中溶解的盐和矿物质[24]。然而这一技术在经济和技术上有局限性，在一定程度上限制了未来的应用。一是对水压要求非常高，能耗大，平均每立方米水能耗高达 3.5 千瓦时；二是高水压会导致过滤膜老化过快，需要不断更换。而电渗析 - 离子交换方案测试能耗约在每立方米水 1.8 千瓦时，相比之下能耗要低得多。在新加坡，这项技术由懿华水处理技术公司（Evoqua Water Technologies，以前称为 Siemens Water Technologies，即西门子水技术）在 2007 年“新加坡挑战赛”中首创[25]。就技术而言，电渗析是一种电离过程，它根据盐离子的电荷特性，借助具有直流电压的半透性离子交换膜转移，选择性地除去盐离子。最终，海水被分离成两部分：即盐离子去除后的水产品以及浓缩盐离子（图 4.7）。然而，通过这一系列电渗析单元的运作，水中会存在极低含量的盐离子，且无法通过电渗析进一步去除。为解决这一问题，离子交换工艺将上阶段处理后的溶液通过充满电荷的半渗透膜进行进一步处理，并使用离子交换树脂来全面提高处理效率。电渗析 - 离子交换联合法与反渗透相比，优点相当明显，包括：较低的能源消耗，对供水水质要求没有那么苛刻，终端水产品回收率相对较高。同时，新加坡针对膜技术也在不断创新，并已经研制出了两种生产成本更低的陶瓷膜和纳滤膜。

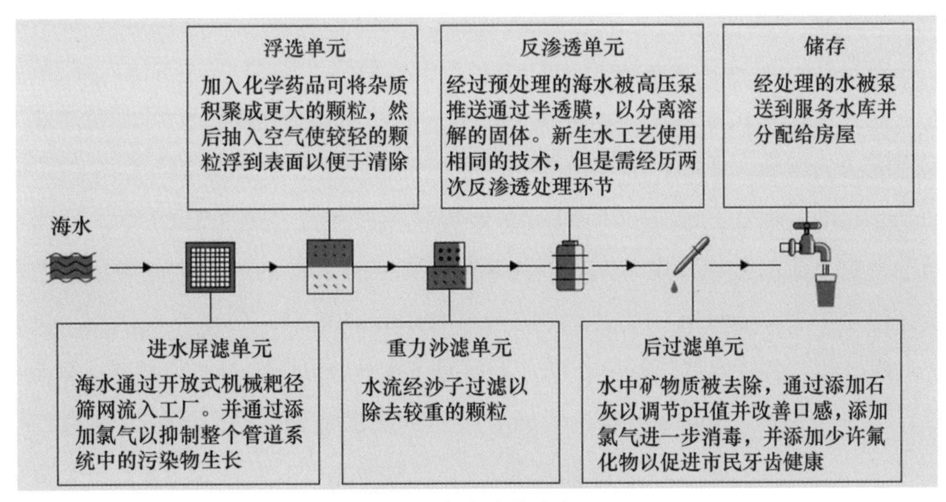

图 4.5　海水淡化流程图

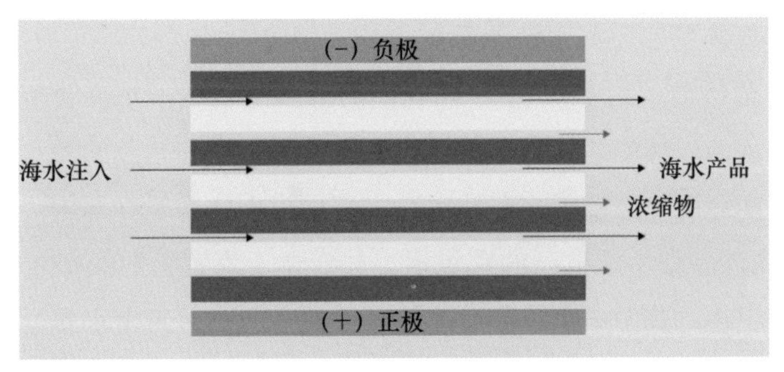

图 4.6　微滤工艺流程图

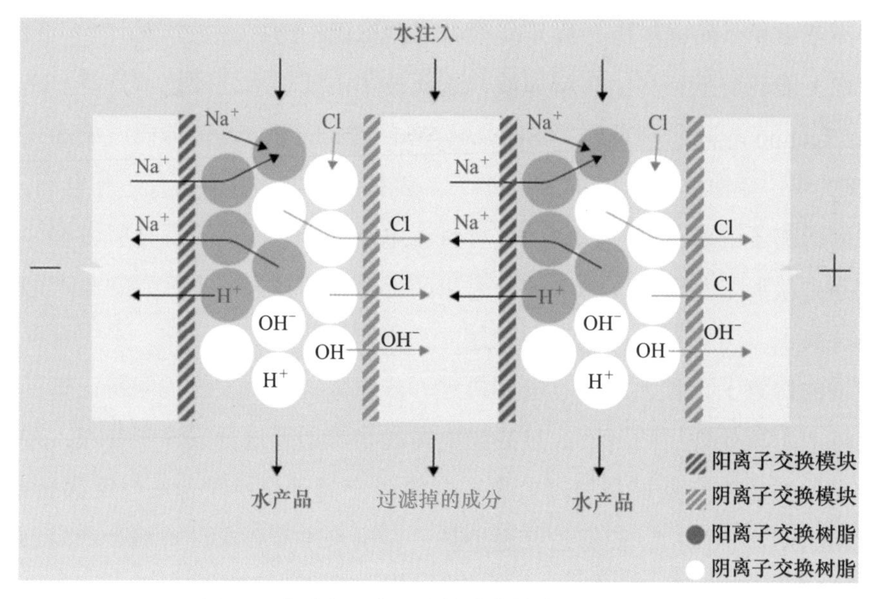

图 4.7　电渗析 – 离子交换联合技术工艺流程图

林爱莲（Olivia Lum）是新加坡水处理行业的先锋人物和成功企业家之一。她童年时期就在一家藤条厂打工，并沿街售卖小商品[26]。而后，在新加坡国立大学接受化学教育，拥有敏锐经商头脑的她认为这是一个可以在商业上取得成功的领域。亚洲经济危机爆发期间，她曾在葛兰素史克制药公司（Glaxo pharmaticals）担任药剂师，期间对水处理技术产生了兴趣。1989 年，她离开葛兰素史克制药公司，用个人资产为坦帕尼斯工业园区的一家企业筹集启动资金，创立了 Hydrochem，即她目前的公司 Hyflux 的前身。公司成立之初，只有一名职员和一名技术员，但一心致力于发掘膜技术的市场潜力。2002 年，Hyflux 签订了在实里达（Seletar）建造新加坡第三个新水处理厂的合同，并在第二年获得了在大士（Tuas）建造新加坡第一个大型海水淡化厂（图 4.8）——新泉（Singspring）海水淡化厂的许可。随后，Hyflux 又再次赢得了新加坡公共设施委员会建造该国第二座海水淡化厂的招标。经过 29 年的经营，Hyflux 已成功地在世界各地建造了约 1000 座不同规模的海水淡化厂，并帮助新加坡走在水处理行业的前列。林爱莲虽然不是严格意义上膜技术和相关的海水淡化技术的发明者，但实际上却推动了这些技术在大型项目中的系统性运用。目前，她正致力于以 ELO 品牌生产自己的富氧水，并专注于水资源的两个重要领域：即清洁和公共卫生，其中一个核心挑战就是要提升公众对新生水安全性和可靠性的信心。

图4.8　正在运作的大士（Tuas）海水淡化厂

除了以上四大水喉，新加坡同时还在推行严格的水资源保护和管理计划，其目标是将新加坡国内生活用水从（2015 年）每人每日 151 升降至 2030 年的 130 升[27]。主要措施围绕公共教育开展，例如通过策划展览，来推广个人和家庭的节水策略和节水技术的运用。新加坡公共设施委员会在提升儿童参与积极性方面异常活跃，而这又进一步促进了成年人的参与[28]。在这些努力之下，未来极有可能实现前文所提及的节水目标。到 2061 年，新生水可能会占到国内用水的 55%，其中 40% 将由五家水厂供应，而海水淡化则将满足约 30% 的用水需求。尽管提高了技术效率，但仍然会增加能源预算。为应对此类问题，新加坡政府提出将汇水面积从目前陆域面积的 66% 增加到 90%。总体而言，新加坡极有可能在 2061 年前，便实现水资源可持续发展的目标。

4.3　新加坡的水资源闭环系统

如图 4.9 所示，新加坡实现生活用水可持续性的关键在于让四种水处理技术、水处理工厂和配水网络形成一个闭环系统，其中由渗漏造成的失水率（UFW）仅占 5%，为全球最低。因此，新加坡与其他地区使用的传统供水方式的不同之处在于水在整个系统中的不断循环和再利用，这在理论上避免了对大面积水库和常规处理厂的依赖。此外，为服务不断增长的人口，供水网络的规模不断增加，可用的蓄水量同时也在增加，这使得整个系统在理论上（即使在实践中有问题）是可行的。新加坡策略的核心在于为“使用过的水”正名并提升其民众接受度，而不是停留在以往“废水”的概念上。因此，岛上几乎每一滴水都有重新循环和再利用的价值。同样关键的是新加坡是在城市中而不是在生态环境中收集水资源。这与诸如波士顿和墨尔本等地的传统取水方式有着很大不同，在这些地方，水的收集往往局限在集水区域进行原地储存，且这些区域要与潜在污染区隔离开来。新加坡的集水和水循环在空间上的这种变化，使其水资源可持续性更高，并释放了更多的可能。一方面，那些边界明确且保护了多年的集水区会长期保留，并为新加坡提供持续水源。另一方面，那些靠近城市并长期保存大量水资源的水库（如新加坡滨海湾等），也可能在未来成为新生水闭环再利用和输送系统的新水源[29]。简而言之，在当地的三大“水喉”中（从柔佛州进口“水喉”除外），能耗及技术可靠性等因素是决定其中哪个作为重点发展的关键。

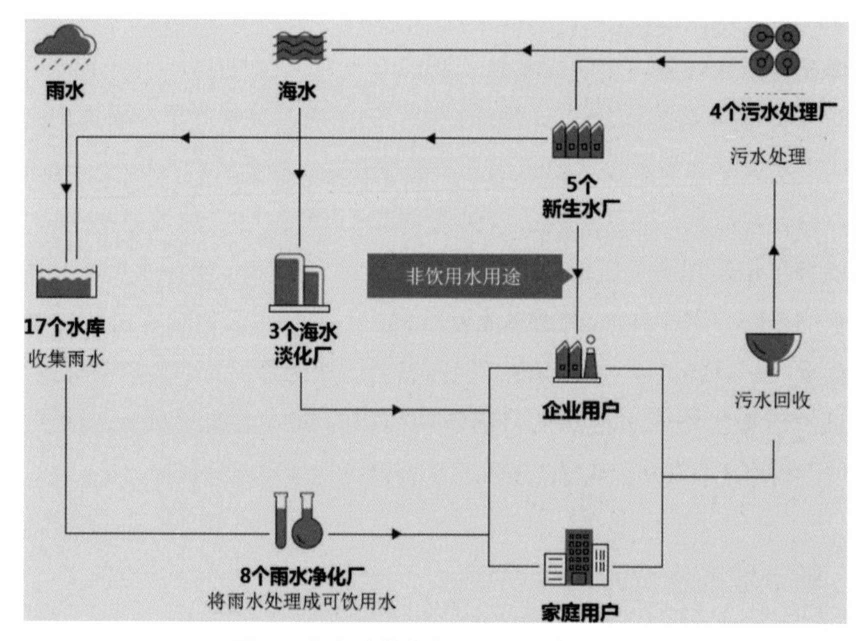

图4.9 新加坡的水资源闭环系统示意图

目前，新加坡当局成立了水务行业发展委员会（Water Industry Program Office），并与私营部门和大学的研究机构开展合作，来降低水处理行业的能源消耗。这至少涉及三项举措：第一是利用懿华水处理技术公司等企业的研究成果，来降低海水淡化的能耗；第二是将汇水面积扩大到陆域面积的 90%，并使用可变盐技术收集、处理河口区的水[30]；第三是通过膜生物反应器的反渗透对水进行预处理，以减少脏污淤积。此外，公共设施委员会还通过三种方式强化了水设施中能源系统的整合：第一，通过对污水处理厂去污技术的优化以减少沼气生成；第二，通过涡轮技术在海水淡化厂生产能源；第三，通过加强发电厂和水回收厂之间的系统集成，部分抵消生产新生水的用电成本。研究表明，在持续的创新，特别是在将“反渗透”转为离子交换和生物识别等突破性技术之后，生产新生水 0.75 千瓦时 / 立方米的能耗目标有可能实现[31]。

如前所述，自 20 世纪 70 年代以来，新加坡的水资源收集和处理系统就已从试验环节逐步获得稳步发展。目前，无论是在城市水处理领域还是在企业竞争力方面，通过不断的技术创新和积累，新加坡均取得了卓越的成就。最新实例就是公共设施委员会赞助的全岛深隧污水处理系统（Deep Tunnel Sewage System，后简称深隧系统）。在设计和实施之前，新加坡的污水处理系统包括 6 个污水处理厂和约 130 个污水泵站。有了深隧系统，分散的泵站可以逐步淘汰，取而代之的是一个大直径的隧道，利用重力输送污水，最终只需在新加坡东部和西部的两个污水处理厂的抽水站集中抽水一次。与传统的基础设施相比，这种技术可减少地面设施的建设，并腾出宝贵的土地用于其他价值更高的开发，因此在经济上更占优势。同时可确保长期汇水和处理能力，并构成一个更强大、更可靠和更具弹性的污水处理系统[32]。事实上，深隧系统正在成为污水的“超级高速公路”。它的建设主要分为两个阶段。第一期工程于 2008 年完工，由 48 公里深隧和 60 公里连接性污水管网组成，末端则主要依靠位于新加坡岛东部的樟宜工厂处理废水，日处理能力为 1.76 亿立方米（折合 80 万立方米 / 天）。二期工程于 2014 年开始建设，它将包括 40 公里长，直径 3～6 米的深隧，以及直径为 0.3～3 米[33]，长达 60 公里的连接性污水管网，二期工程的末端处理设施位于岛西的大士岛，包括一个产能为 1.76 亿立方米 / 天（折合 80 万立方米 / 天）的废水处理厂和 2500 万立方米 / 天（折合 11.4 万立方米 / 天）的新水生产厂。这些大型隧道利用盾构机，穿过岩石和混合地层砌筑而成。在建造过程中，技术人员使用遥控车辆进行远程检查，并将光纤电缆嵌入隧道衬砌中，以监测工程结构的完成度。由于隧道内也存在气流，通过位于管网连接处的空气管理设施，可减轻臭气的危害。这些工程项目利用建筑信息建模（BIM）来统筹协调施工进度和未来应用于系统的运营管理等方面。图 4.10 和图 4.11 展示了深隧系统的分布情况，包括北部的克兰吉（Kranji）、东部的樟宜（Changi）和西部的大士（Tuas）三个污水处理厂和新水生产设施的位置。如前所述，能源和水资源管理方法也与深隧系统整合在一起。

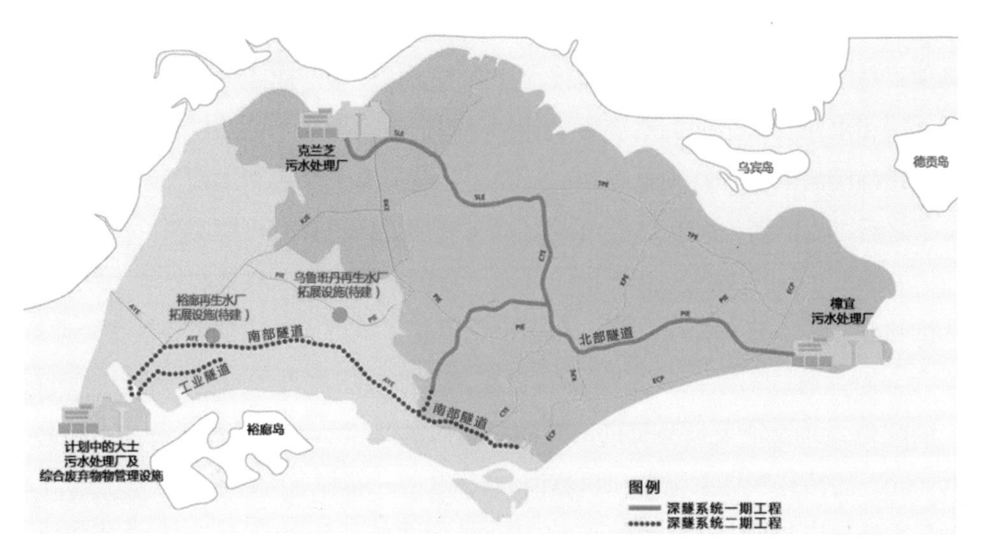

图4.10　深隧污水处理系统分布图

图4.11　深隧污水处理系统的剖面示意图

4.4　能量流的图示化

纵观现有数据，在2010年左右，新加坡生活用水和非生活用水的占比约为45%～55%，其中非生活用水又由33%可饮用水和22%不可饮用水构成。大体而言，生活用水占新加坡用水总量的43%，商业和工业用水占新加坡用水总量的26%。如前所述，新加坡每人每天的淡水使用量约为151升。预测显示，到2061年这些数字将发生显著变化：总需水量将增加一倍多，生活用水比例将降至 30%，非生活用水（包括商业用水和工业用水）将占到用水总量的 70%[34]。人均使用量基于 2030 年可能达到的水平判断，将为每人每天 130 升。而在供水现状方面，从新加坡的“四大国家水喉”来看，2010 年，占用水总量 19% 的新生水也大量用于工业领域，只有 6% 为生活饮用水[35]；海水淡化生产的水占总使用量的 25%，其内部占比态势则相反，60% 用于生活领域，20% 用于工业和建筑领域；直接从柔佛市购买的水资源占到了 28%，其中生活用水的占比同样较大，为 54%，而工业和建筑用水则各占比 23%。该结构中的渗漏水量仅为 5%，进一步证明了整个岛屿的水循环系统已形成闭环[36]。而按照预测，到 2061 年，新加坡的供水结构也将和需水量一样呈现戏剧性的变化。因为新加坡将不再向柔佛购买水资源，将有希望通过增加新生水的容量，以满足高达 55% 的用水需求，而高达 30% 的用水需求将由海水淡化来满足[37]。

另一种计算水资源使用以及与其他资源（如能源和土地）关系的方法即所谓的桑基图（Sankey Diagrams），将资源的直接投入量、产出量、原始资源和最终产品通过图表的形式呈现出来。该图是以一位名叫马修 • 亨利 • 菲尼亚斯 • 里亚尔 • 桑基（Mathew Henry Phineas Riall Sankey）的爱尔兰船长的名字命名的，他在 1898 年最初用这种图表来描述蒸汽机及其在能源投入、产出方面的相对效率。在图 4.12 中，左侧用一个宽带代表输入的资源，在最右侧以推导的形式表示输出的产品，生产过程中产生的各种形式的废物，如烟雾、摩擦、发电机的燃烧和大量冷凝水也将被体现出来[38]。1889 年，查尔斯 • 米纳德（Charles Minard）绘制了另一幅著名的类似图表，描绘了拿破仑的俄国战役，这张图的出现甚至早于桑基图[39]。后来人们用这类图示表达能源和其他基本资源投入、相应的产出以及过程中的能量损耗。可惜的是，在撰写本书时，还没有足够准确的数据支撑，为新加坡的土地、水和能源需求构建一个完整而有意义的桑基图。

然而，仍有大量且可靠的数据，可以用来反映每个部门在公用事业领域的支出额。由于支出额可以代表对不同实物消费的需求，也可借此来反映新加坡各个经济领域的相对重要性。这种库存流图示还结合了一个创新的理念，即资源的使用实际上与特定的土地用途有关，所以也可显示出新加坡在高度受限的环境下公用设施和土地之间的关系。具体而言，图 4.13 所示通过对商业、工业、住宅、交通和其他用途的水电耗费量数据作对比，来显示新加坡在水和电方面的经济开支*。实际上所有领域的经济开支呈现相对平均的状态，但需注意的是，经济开支与消费量并不是绝对一致的。例如，在电力使用上，每种用途的费率差别很大，比方说，尽管单个商业用户的用电量较少，但其总开支似乎大于工业用户。尽管居民区、商业区和工业区这些地方只占新加坡土地的一小部分，但他们是用电用水大户。其中，相对工业和住宅用地，商业用地占比很小，但其资源消耗仍然很大，这说明商业开发模式相对密集。此外，由于电价要高得多，因此电力实际消耗量与水消耗量相比要少得多。

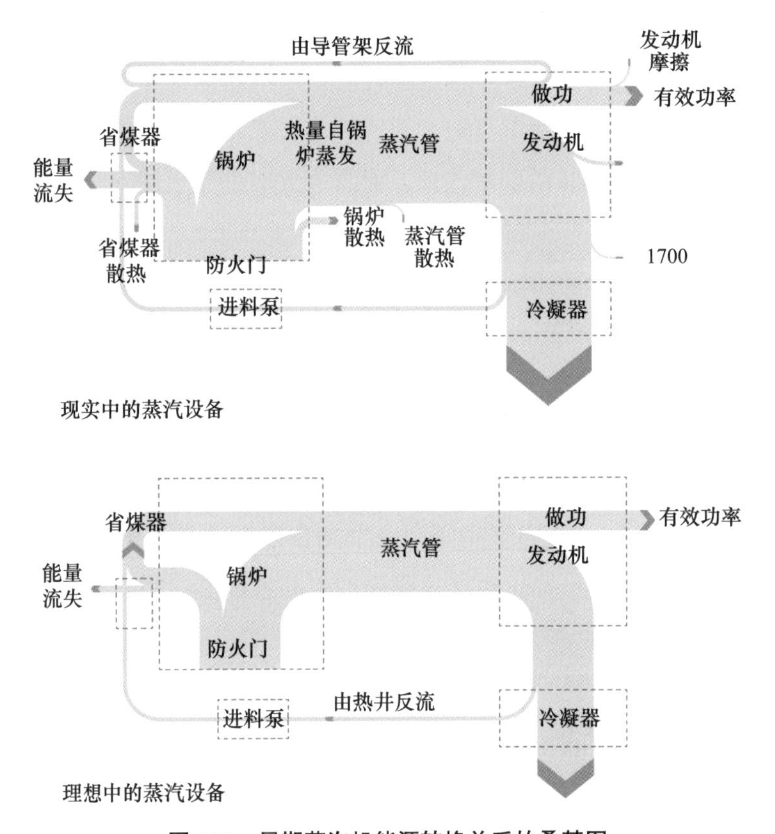

图4.12　早期蒸汽机能源转换关系的桑基图

---

* 估计有43%将作为生活用水，5%为零星耗损水，其余的水资源则分售给工商业用户。针对这两类分别使用生活和非生活用水两种定价标准。根据新加坡公共设施委员会的建议，将船只用水忽略不计，则水资源年销售额总计约7.85亿美元。假设零星耗损的水（包括泄漏，清洁冲洗或其他损耗）在整个系统中平均分配，则每年出售这些水即可获利3900万美元。根据全球标准，若未计入的水占比在5%，则属于极低的损耗率。对于电力，存在竞争性和非竞争性的电价，在不同的供电制度下各个部门的用电份额也存在差异。这里的假设标准是：家庭用户的用电价格是非竞争性的，但是工商业用户的价格则是可竞争的。可竞争性耗电支出的估算基于新加坡统一能源（USEP）的简化价格，而电力消费量数据则基于2017年12个月的统计。到2018年底，新加坡电力市场将全面开放，也有新的电价结果。——译者注

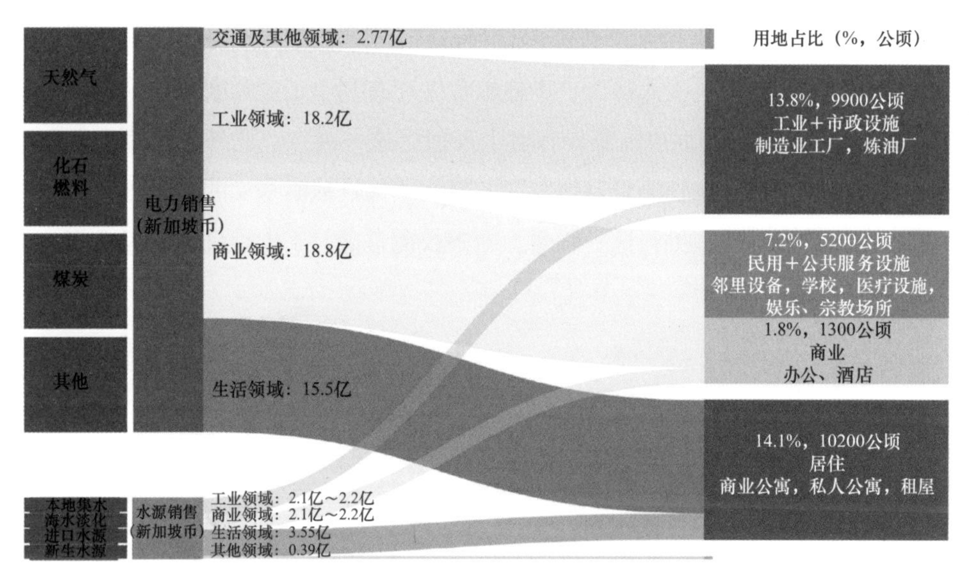

图 4.13　新加坡在各个领域的电、水、土地等资源的使用情况

正如预测，2061 年新加坡的水资源需求可能会翻一番，工业和商业领域预计将占需求的 70% 左右，而生活领域仅占 30%（图 4.14）。这可能是未来工业和商业领域快速扩张的结果。为了持续提升家庭节水效率，新加坡公共设施委员会坚持利用公共教育鼓励学校、家庭和商业办公室等参与节水实践。2009 年，新加坡公共设施委员会还实施了强制性水效率标识计划，要求制造商和零售商向消费者告知其产品的节水效果，如洗衣机、水龙头、小便器冲洗阀等。零星损耗的水量占比仍然很低，只有 5%，为全球最低。耗散的能量占比相较于水量的损耗则相对较高。这些比例也反映了新加坡的城邦特质。毕竟新加坡的住宅、商业和工业开发用地面积仅占 36.9% 左右。需要注意的是，新加坡是一个没有天然腹地而土地稀缺的岛屿。因此，城邦还必须预留土地用于其他用途，如国防、国家港口和机场、自然保护区、公园和水库等。其中许多土地用途超出了其版图范围，但对维持其生态系统和环境的可持续至关重要。因此这也对新加坡的供水，特别是集水区的供水产生了间接影响。

除国家内部的水资源需求外，那些隐藏在进口农作物、牲畜等食物以及工业产品中的虚拟水也须纳入水量消费的统计。从 1987～2001 年，虚拟水进口总量约为每年 117.81 亿立方米。相比之下，岛上每天的实际需水量约为 4.3 亿立方米（折合 195 万立方米），即每年约 7.668 亿立方米，在总量（实际需水量＋虚拟水含量）中所占比例相对较小。而虚拟水消费量中大部分是工业和工业产品，只有 0.03% 的净虚拟水消费进口量分布在农作物及牲畜等食品领域[40]。早在 20 世纪 80 年代，一些人认为“本地粮食生产有利于工业和服务业，具有更高生产附加值”，上述数据也在某种程度上反驳了这一观点。此外，这些数字也说明新加坡在实现国内水资源可持续方面的努力，极具战略意义的同时还立足本地实际，所以若要在他国推行这一战略，则需权衡考虑对于本地条件是否适应。

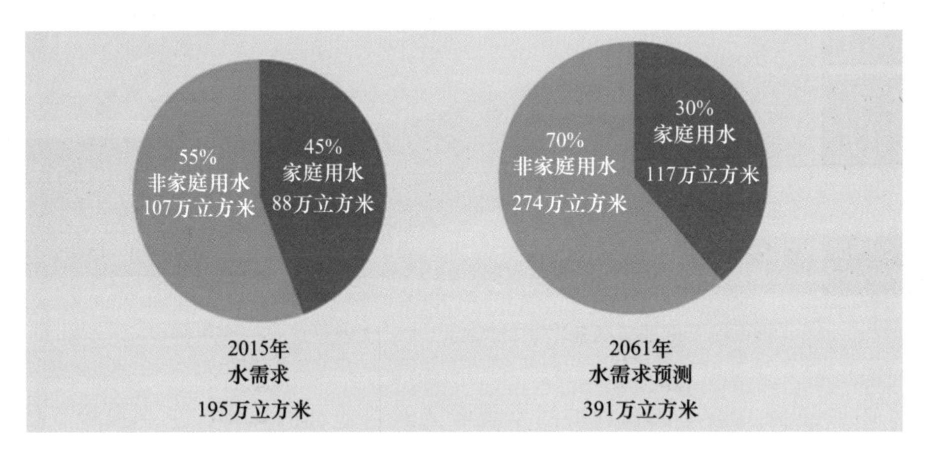

图 4.14 新加坡 2015 年的用水需求及 2061 年的用水量预测

4.5 可持续性、依赖性和脆弱性

尽管与马来西亚就供水问题达成了有时限的协议，但新加坡仍在努力实现到 2061 年实现水资源可持续的目标。尤其在需水量从现在到 2061 年的翻一番，即从每天 4.3 亿立方米（折合 195 万立方米）增加到 8.6 亿立方米（折合 391 万立方米）的预测下，这样做的战略意义不言而喻。而事实上导致用水需求增加的敏感性因素正在持续下降，如人均节水量将从 5% 提高至 7%，岛上居民（主要是暂居人口）下降 20% 等，这些都将促进用水的总需求减少到 6.4 亿立方米 / 天（折合 291 万立方米 / 天）。此外，到 2061 年，生活用水比例将下降至 30% 以内，而需求量则保持在目前的水平不变，即 1.94 亿立方米 / 天（折合 88.2 万立方米 / 天）[41]。未来，生活用水中各类水资源所占的比例都将与今天不同（图 4.15）。从预测来看，在新生水和海水淡化技术的不断改进下，再利用水的占比将明显上升，从目前的 44% 左右上升到 2061 年的 72%。尽管如此，虚拟水需求的加入却又使这一美好的前景黯然失色，即在目前岛上每年 7.67 亿立方米的水需求基础上，又额外增加了 117.81 亿立方米的虚拟水需求。

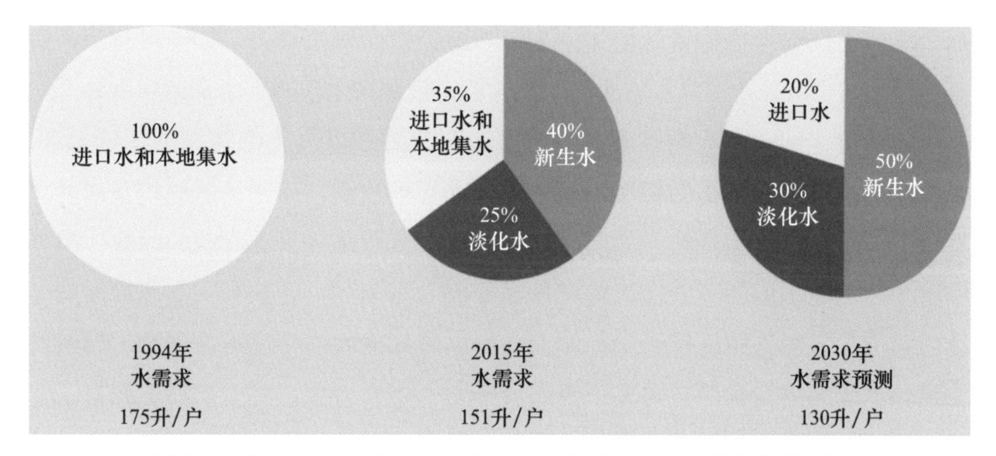

图 4.15　新加坡 1994 年、2015 年和 2030 年的生活用水供给策略变化

水与其他资源的内在依赖性主要体现在能源使用、人口和粮食，以及工业产品中的虚拟水耗等方面。在非常规水处理技术发展的初期，能源消耗确实是个问题，但随着新技术的应用，目前情况已大为缓解。用新的电渗析 - 电离子化技术取代高能耗的反渗透工艺，使处理再利用水的能耗从每立方米 1.8 千瓦时下降到每立方米 0.75～0.95 千瓦时的范围[42]。所以，在当前没有充足本地能源供应的情况下，就需要权衡必要的水处理设施所占用的土地空间以及可能产生的环境污染。人们可能会认为，在一个弹丸小岛，这类设施的建设耗费了大量宝贵的土地资源。然而现实并非如此，例如深隧系统就在水资源可持续和土地高效利用两方面取得了良好的平衡。

新加坡的人口年增长率为 2.0%～2.5%，目前约有 570 万居民。要继续维持目前的人口增长率，每年将需要 15000～25000 名新增人口，但目前新加坡的生育率仅为 1.2，远未达到生育率（TFR）2.1 的预期。此外，伴随“婴儿潮一代”的逐渐老去，新加坡的老龄化问题日益严峻，预计 2030 年前将有 90 万人超过 65 岁[43]。所以，需要大量的移民，才能维持现有社会发展水平。但是另一方面，新加坡也需要对漫无目的的人口引入加以遏制，特别是不断涌入的外来人口可能会在物质环境发展、住房、交通、能源、水和土地等方面造成更大的压力，进而降低这个城市国家的福利。目前，新加坡每平方公里约有 8041 人，是人口密度仅次于摩纳哥的第二个主权国家。据估计，到 2030 年，非常住人口的比例约为 45%，如表 4.2 所示呈持续上升趋势。这也为新加坡的发展敲响了警钟。事实上，人口增速的放缓可能会对新加坡其他领域的优化提供帮助，这与其他那些优先看中人口数量增长的发展模式形成对比。因为优质的人口增长，不仅要考虑数量的增加，还要考虑人口质量的提升。如前所述，通过对盲目增加人口等传统发展方式的纠正，能有效缓解水供应等方面的压力。

可以肯定的是，在新加坡这个“蓝绿”的故事里，无论是有意还是无意，都在经济、社会和环境的相互依存关系中进行了权衡，而正是这些相互依存关系塑造了新加坡的独特性。如前所述，新加坡虽然是一个受欢迎的商业、消费和旅游目的地，但并不以任何特定品牌的商品而闻名。它拥有一支高素质的劳动力队伍，但经济强度仅为中等偏上，与世界其他城市相比不是很高。以纽约为例，尽管人口数量要多得多，但人口密度也要大得多。对于新加坡而言，要改变单纯依靠资源等要素投入的经济发展模式，需要依靠更高的工作效率、技术创新和自动化的应用。此外还需要重新调整社会服务的各个方面，就像深隧系统处理和再利用水一样。简单地说，在如此狭小的国家，基于土地使用的“排他性”，同时结合技术应用和传导的局限性等方面的影响，要获得持续增长的建设空间的可能性微乎其微。在新加坡致力打造服务、消费和休闲目的地的同时，不排除其将陷入“中高收入陷阱”的可能性，即持续高速的增长将难以维系。不过，这样的结果也许不是一件坏事。对于这个国家而言，水和生态环境的可持续性将发挥重要的作用。

另一个潜在脆弱性是对消费产品内部虚拟水的依赖。新加坡的进口食物包括以鸡肉、猪肉和鸡蛋为代表的生禽类产品，和以小麦和大米等为代表的农作物两方面。事实上，新加坡从澳大利亚进口大量的小麦，其平均水耗超过其他来源（如美国）的两倍。新加坡的大米也多从泰国购买，尽管泰国单位作物产量低于中国和印度这些非粮食出口国，但其虚拟水含量却很高[44]。总体而言，新加坡生禽类产品的总虚拟水含量约为每年 14.61 亿立方米，明显低于农作物的 23.86 亿立方米（表 4.2）。此外，饮食习惯造成了一定影响，尽管新加坡的鸡蛋消费量约为欧洲的 1/10，但除此之外的鸡肉和猪肉的进口量则大得多。到目前为止，就工业产品而言，世界上虚拟水量最大的消费国为每年 79.34 亿立方米。新加坡不同的贸易伙伴国民生产总值的虚拟水含量水平也不尽相同，例如美国为每美元 100 升，而德国和荷兰为每美元 50 升，其他国家的虚拟水含量变化范围很广，从每美元 10 升～151 升不等。新加坡的建筑材料大多为进口，它们的虚拟水含量相对较高，而用于服装的棉花虚拟水含量也非常高。基于此，有两种方法可以用来降低虚拟水消费。第一，是努力实现粮食高度自给自足。如前所述，20 世纪 80 年代之前，新加坡在鸡肉、猪肉和鸡蛋的供应是能够维持自给自足的，但后来为了追求一个“清洁和绿色”的新加坡，此种平衡被打破。但鉴于新加坡曾在追求高科技农业方面所历经的失败，未来实现农业自给自足的可能性似乎很低（不过鉴于一些土地消耗较少的垂直农业新技术的涌现，也并非完全不可能）。第二，广泛的战略是在与各国的食品和产品贸易协定中引入对虚拟水含量的考虑。对新加坡蓝绿前景的其他一些威胁还包括气候变化、海平面上升和其他天气异常等，这些将在后面的章节中进行讨论。

新加坡的虚拟水需求增长情况　　**表 4.2**

虚拟水产品进口情况（1997～2001 年）	总计（万立方米 / 天）	人均（升 / 人 / 天）
农产品	2386	1634
畜产品	1461	1000
医疗产品	7934	5435
总计	11781	8069

注释

[1]《实现水资源充足的关键步骤》（见参考文献 201）。

[2]“虚拟水”指在生产产品和服务中所需要的水资源数量，即凝结在产品和服务中的虚拟水含量。1993 年由英国学者约翰 • 安东尼 • 艾伦提出，用于计算食品和消费品在生产及销售过程中的用水量。

[3] 见《水独立的能源成本：以新加坡为例》（参考文献 173）第 789 页。

[4] 见《水独立的能源成本：以新加坡为例》（参考文献 173）第 789 页。

[5] 摘自笔者 2017 年 2 月 6 日对公共设施委员会技术总监 Harry Seah 先生的采访。

[6] 见《超越新加坡的蓝绿色矩阵：墨尔本和新加坡的蓝绿色系统的国际比较》（参考文献 250）。

[7] 见《水独立的能源成本：以新加坡为例》（参考文献 173）第 789 页。

[8] 同上。

[9] 见《虚拟水：战略资源区域赤字的全球解决方案》（参考文献 93）第 545-546 页。

[10] 见《各国的水足迹：人的用水量与其消费方式的关系》（参考文献 150）第 35-48 页。

[11] 见《我们真正使用多少水？以新加坡为例》（参考文献 262）第 234 页。

[12] 基于《水独立的能源成本：以新加坡为例》中作者相关推测，第 789 页。

[13] 见《水独立的能源成本：以新加坡为例》（参考文献 173）第 789 页。

[14] 公共设施委员会，“新加坡水务创新”，2011 年 6 月，https//www.pub.gov.sg/Documents/Innovation-Water_vol1.pdf。

[15] 见《水：从稀缺资源到国有资产》，为《城市系统研究手册》系列丛书。《亚洲参与学习》新加坡，2012 年出版。

[16] 见《水独立的能源成本：以新加坡为例》（参考文献 173）第 786 页。
[17] 见《水独立的能源成本：以新加坡为例》（参考文献 173）第 789 页。
[18] 见《我们真正使用多少水？以新加坡为例》（参考文献 262）第 269 页。
[19] 基于《水独立的能源成本：以新加坡为例》（参考文献 173）。
[20] 见《我们的水，我们的未来》（参考文献 217）。
[21] 见《我们真正使用多少水？以新加坡为例》（参考文献 262）第 289 页。
[22] 见《节约河口水的经济有效方式：可变盐分淡化概念》（参考文献 233）第 453-454 页。
[23] 见《节约河口水的经济有效方式：可变盐分淡化概念》（参考文献 233）第 458 页。
[24] 见《电渗析和电去离子的组合，用于处理硝酸铵生产中的冷凝物》（参考文献 180）第 485-487 页。
[25] 见《生命的独创性：我们在新加坡的历史》（参考文献 236）。
[26] 基于笔者 2017 年 8 月 15 日对 Hyflux 创始人林爱莲女士的采访。
[27] 见《我们的水，我们的未来》（参考文献 217）。
[28] 摘自笔者 2017 年 8 月 16 日对公共设施委员会 3P Networks 副总监 Linda De Mello 女士的访谈。
[29] 摘自 2017 年 2 月 6 日对 Harry Seah 先生的采访。
[30] 见《节约河口水的经济有效方式：可变盐分淡化概念》（参考文献 233）第 452-458 页。
[31] 见《水独立的能源成本：以新加坡为例》（参考文献 173）第 792 页。
[32] 基于 2017 年 6 月 22 日对新加坡公共设施委员会深层隧道排污系统管理部董事 Yong Wei Hin 先生的采访。
[33] 基于对杨魏海先生的采访。
[34] 如表 4.1 所示。
[35] Lemonick, S.《饮用马桶水：科学（和心理学）的废水循环利用》地球杂志，网页地址：https：//www.earthmagazine.org/article/drinking-toilet-water-science-and-psychologywastewater-recycling。
[36] 该段的其余部分基于《我们真正使用多少水？以新加坡为例》（参考文献 262）第 222 页。
[37] 见《我们真正使用多少水？以新加坡为例》（参考文献 262）第 22 页。
[38] 见“桑基图”维基词条的内容，另见《能源和物料流管理中的桑基图》（参考文献 232）第 82-94 页。
[39] 见《查尔斯・约瑟夫・米纳德：绘制拿破仑 3 月》（参考文献 126）。
[40] 基于参考文献 93、150、217、262。
[41] 见《我们的水，我们的未来》（参考文献 217）。
[42] 见《新加坡的节能海水淡化》（参考文献 158）。
[43] 见《人口发展趋势统计》新加坡统计局（参考文献 209）。
[44] 见《我们真正使用多少水？以新加坡为例》（参考文献 262）第 45、227 页。

第5章

05

花园、公园及其他绿色保护区

早在殖民时期，新加坡就开始在植物学、园艺和野生动物学界崭露头角。这既得益于它的自然本底条件，即那些在种植园和农业活动的冲击下幸存下来的自然环境，也离不开岛上宏伟的植物园和丰富的策展活动。尽管生物多样性在大量破土开荒的殖民时期已经急剧减少，其仍是新加坡环境的一个标志。但随着新加坡从“花园城市向自然之城”理念的转变，野生动植物的性质已经发生了进一步的变化。与此同时，业内专家的看法也在悄然转变，与早期近乎花园式的理解相比，现在的理念更趋向于保持一种更真实、自然的状态，尽管此种理念距离获得公众认可尚需时日。比如从观察者的角度而言，蝴蝶会比毛毛虫更漂亮，但是若没有后者，前者也将不复存在。更直接地说，道路绿化、公园等地的绿化，在混合而非单一物种的条件下生长得更好。此外，新加坡的生态空间所涵盖的植被规模往往非常巨大，更符合人们心中对于原始的热带气候和所谓的“自然之城”新加坡的印象。而在新加坡目前的社会文化环境中，要想成功地维持这种局面，就必须不惜代价地避免树枝折断或树木连根拔起对城市安全带来的风险。为应对这类问题，新加坡国家公园局（National Parks Board）开始尝试在生态环境中应用高科技数据技术。例如，以往应用于建筑结构上的有限元分析仪器被安装在了大型树木上，以预测树枝可能会发生的各类问题、监测修剪情况并提供其他维护功能。目前，基于海量数据分析来改善生物多样性和野生动物栖息地的技术方法正在不断革新，如针对沿海脆弱地区的水道流体动力学模型等。新加坡公共设施委员会的“ABC 水计划”被应用于公园（如碧山昂莫桥公园的 Kallang River）和排水渠（如 Alexandra Canal）的管理，是为了将绿化和保护区按照更“自然”的方式紧密地结合起来，而不是仅遵从早期严格的结构性解决方案以应对雨洪管理等情况。若要更完整地了解新加坡的热带景观，则需聚焦于其他重要的项目，如“海湾花园”一方面吸引了本地居民和游客的极大关注，另一方面也将植物策展活动塑造成为 21 世纪的亮点项目。新加坡植物园的研究人员依靠卓越的杂交技术和 DNA 协议，将新加坡的科研触角延伸到了热带植物生命学和生态学的领域。此外，在过去的十几年里，建筑的立面绿化也在不断发展。可以说，新加坡在这些学科、技术和城市环境管理等领域的融合实践是独一无二，且极具推广价值的。同时，随着时间的推移，新加坡似乎正朝着一个独特的生物友好型国家的方向发展。

5.1　植物园和园艺园

特定类型的花园在人类历史上已经存在很多年了。例如，在西方基督文明中，古罗马人对植物的兴趣首先始于其药用价值。后来，大约在 8 世纪，僧侣们在修道院花园中建造出了植物园的雏形[1]。然而，真正植物园的兴起始于 16 世纪的欧洲，首先诞生于意大利的比萨大学，由一位内科医生兼植物学家卢卡・基尼（Luca Ghini）于 1543 年建立。到了 18 世纪中期，植物园基本上成为鲜活的植物博物馆。与其他类型的博物馆一样，它具有双重功能[2]。既能让专家潜心研究，并推动科学进步，也可以安排一些展览来教育、娱乐大众。与此同时，欧美国家利用国际贸易将新发现的热带物种带回本国，并在本土的自然环境中培育它们。新加坡植物园建成于 1859 年，主要面向本地居民及游客开放，作为一个科研机构，同时也是热带作物种植的试验场，其首要功能就是为当时的新加坡精英阶层服务。到了 19 世纪，它成为新加坡植物的研究和保护中心，以经济植物学为重点研究领域，对马来亚和新加坡后续的种植经济产生了深远影响。除此以外，植物园是新加坡规模最大且最为完整的历史景观展示区，也成为世界上游客最多的植物园之一，2013 年接待游客多达 400 万。随后，新加坡植物园于 2015 年 7 月 4 日在世界遗产委员会第 39 届会议上被联合国教科文组织列为世界文化遗产，这在新加坡尚属首次（图 5.1）。

图 5.1　新加坡植物园

新加坡植物园由劳伦斯・尼文（Lawrence Niven）于 1859 年在唐林（Tang-lin）

的一处土地上开始建设，当时是以新加坡农业园艺学会（Agri-Horticultural Society of Singapore）花园的名义创立。1860 年，劳伦斯·尼文又将周边约 23 公顷的地域纳入进来[3]。1864 年，在英国景观运动的理念和“园艺之王”兰斯洛特·布朗（Lancelot Brown）的指导下，建立了园内的道路和人行道系统。1866 年，新加坡农业园艺学会的财政状况允许园区扩展到西北部并将天鹅湖纳入。然而，由于在建造管理用房时产生了大额超支，农业园艺学会于 1874 年向政府提出了经济救助申请。1875 年，亨利·詹姆斯·默顿（Henry James Murton）在基尤英国皇家植物园（the Royal Botanic Gardens at Kew）的协助下被任命为花园主管。默顿从马来亚和斯里兰卡等地收集了植物材料，把当时的花园变成了一个更典型的植物园，他把重点放在了那些具有经济价值的植物上。在 1879 年，他负责建造了壮观的“棕榈谷”（Palm Valley），而后又建立了一个动物标本馆，但该馆于 1904 年被迫终止。1880 年，纳撒尼尔·坎特利（Nathaniel Cantley）接替了默顿，并着手使花园内的建筑布局更加合理化。1882 年，坎特利建立了植物标本馆以及树木苗圃。默顿和坎特利都曾在基尤（Kew）接受园艺学相关知识的培训。这位热心的植物学家也为花园系统性的优化奠定了良好基础。

亨利·尼古拉斯·里德利（Henry Nicholas Ridley）于 1897 年接替坎特利，成为该园第一位园长，并使之成为了解东南亚植物群落的中心，该地位至今仍得以保持[4]。里德利的兴趣广泛，涉及动物学、地质学和植物学等领域，尤其对兰花特别感兴趣。他曾在伦敦的国家历史博物馆工作过，新加坡当地第一份农业科学期刊《马来半岛公报》也由他创办，此外，他还参与了马来半岛橡胶植物的开发和种植。1912 年，伊萨克·亨利·布基尔（Issac Henry Bukhill）接替里德利，并帮助植物园度过了从英国殖民到马来亚自治邦的关键过渡期。许多年后，在 1963 年第一次在新加坡举行的第四届世界兰花会议上，他还发表了一篇关于新加坡在杂交繁殖中所做贡献的论文。理查德·埃里克·霍尔特姆（Richard Eric Holttum）于 1925 年接替布基尔。作为一位科学家，霍尔特姆将兰花园艺确定为植物园的发展重点[5]，并在 1928 年创建了一个离体繁殖机构，20 世纪 30 年代开始，这一机构的价值逐渐显现，并在 1956 年开始了兰花苗圃 VIP 计划。当然，在 20 世纪 50 年代中期，这个植物园就已经以兰花繁殖而闻名于世了。时至今日，在植物遗传和植物鉴定 DNA 测序方面，新加坡植物园在世界专业领域都获得了突出的成绩[6]。

1942～1945 年新加坡被日本占领期间，玉高秀英三（Tamakadate Hidezo）和关科里巴（Kwan Koriba）担任园长。其后，新加坡植物园由植物标本馆馆长莫里 • 哈德森 • 罗斯（Murray Hudson Ross）接手。最终，于 1986 年被国家公园局接管。植物园在新加坡的绿化体系工程中发挥了重要作用，在 20 世纪 70 年代，植物园也扮演了城市公园的角色。植物园如今占地 65 公顷[7]，被划分为三个核心板块：唐林、中心区和武吉知马（图 5.2）。植物园早期建设区域位于唐林；旅游带位于中心区，包括兰花园、疗养园和香园；生态湖和植物园位于武吉知马，定位为教育探索区。新加坡植物园是该地区最重要的分类学和生物多样性研究中心之一，截至 2014 年，该园拥有 36400 份植物活体标本，6500 个物种和 44 棵遗产树，750000 种植物标本，其中 8000 种是典型标本。此外，园内还设有一个图书馆，拥有超过 28500 本书籍、期刊和未经发表的实验数据[8]（图 5.3）。

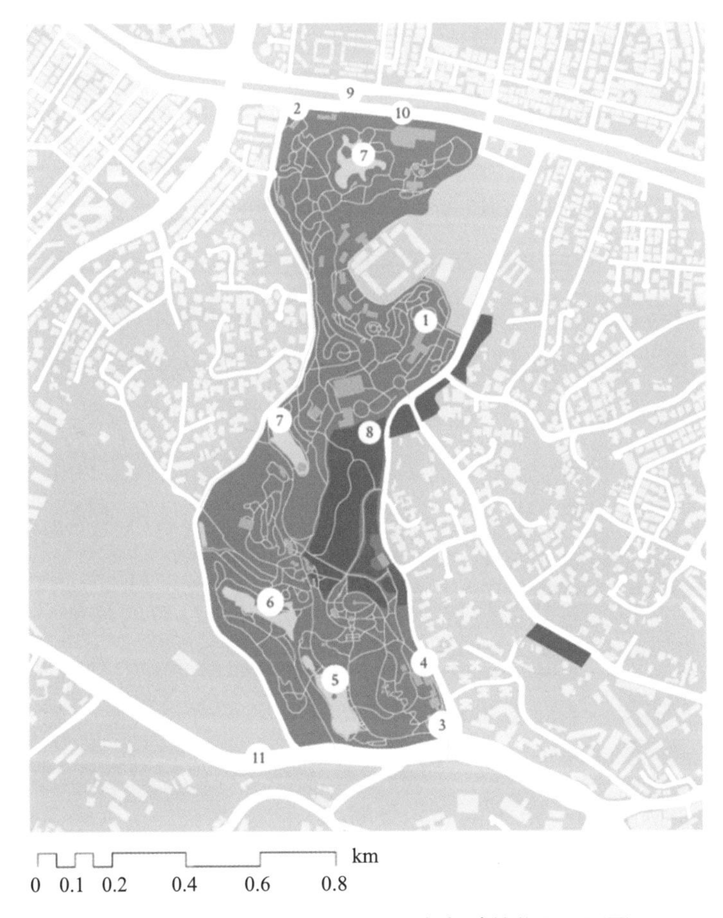

1—莱佛士楼
2—武吉知马门
3—唐宁门
4—植物园艺中心
5—天鹅湖
6—交响乐湖
7—生态湖
8—森林区
9—梧槽河
10—武吉知马路
11—荷兰路

图 5.2　新加坡植物园平面图

图 5.3　新加坡植物园实景

新加坡在植物学和园艺学方面第二项杰出贡献是由时任总理李显龙于 2005 年首次宣布的滨海湾花园项目，该项目位于新加坡中部滨海水库附近，占地规模 101 公顷。2006 年，该片区组织了景观设计方案的国际竞赛，Grant Associates 景观事务所赢得了海湾南部花园的竞赛，此外 Dominic White 事务所赢得了海湾东花园的竞赛。而第三个花园［海湾中央花园（the Bay Central Garden）］则是连接这两个花园的纽带。海湾花园的核心是滨海湾水库旁的两个温室[9]。这两个都是由威廉・艾尔（William Eyre）设计的节能型温室。“花之穹”是其中较大的一个（图 5.4），占地 1.2 公顷，高 38 米。它是世界上最大的无柱温室，室内气温保持在 23～25℃，还原了略微干燥的气候环境，并以地中海及澳大利亚、南美和南非等半干旱和热带地区的植物为特色。它由七个不同的花园组成，并以独特的方式融合在一起形成一个独特的坡地[10]（图 5.5）。“云雾森林”是第二个温室，占地 0.8 公顷，里面矗立着一座 42 米高的云山，可通过电梯到达，上面覆盖着兰花、蕨类、苔藓和金耳蕨等附生植物。此外，还设置了一个外部步道允许游客沿着山的外缘步行到地面入口（图 5.6）。园内还有一群高达 25～50 米的“超级树木”[11]（图 5.7）。这些“超级树木”配备先进的环境技术设施，如光伏电池和雨水装置，能够模拟生态功能。通过内置的热空气疏散和冷却水装置，构成了花园的环保引擎（图 5.8）。

图 5.4　滨海湾花园内的“花之穹”

1—花之穹
2—云雾森林
3—马来园
4—中国园
5—印度园
6—殖民地花园
7—丛林秘境
8—棕榈世界
9—地下世界
10—水果与花卉
11—生命之网
12—发现之旅
13—超级树
14—金色园
15—滨海湾东花园：
　待建的创始人纪念馆
16—滨海堤坝
17—滨海湾金沙酒店

图 5.5　滨海湾花园规划

图5.6　“云雾森林”实景照片

图5.7　“超级树木”实景照片

（a）

（b）

图5.8　滨海湾花园局部及鸟瞰实景

整个场地分布着各式各样的园艺区，从开阔的草地区到茂密的森林区，均由各个等级的道路和小路来界定。其中一部分是以“植物与人”为主题的传统园林，里面有主要来自中国、马来和印度的植物。另一个更大区域以“植物之间”为主题，展示了植物群间多样的联系。整个建筑群塞满了由工作人员旅行时从海外收集的岩石和其他材料，此外，还有散布在植物和水体中那些引人注目的雕塑。在滨海湾水库（Marina Reservoir）和拦河坝东侧的另一个区域也正在紧锣密鼓建设之中，该区域将建设创始人纪念花园[12]。整个建筑群位于休耕了约35年的新开垦土地，并在早期就已有发展规划。事实上，早在1984年，丹下健三和贝聿铭就被邀请为滨海南区266公顷的新市区的规划作出提案（图5.9）。丹下健三立足新加坡的绿化理念，借鉴其热带岛屿的特点，提出了以大片绿地分隔密集发展区的辐射状方案；而贝聿铭提出了一种与现有中央商务区相结合的网格模式，经济性方面更利于土地销售。在李光耀的授意下，政府采纳了贝聿铭的方案，为后来滨海湾的发展奠定了基础[13]。最后，滨海湾花园于2012年开放，2014年吸引了约640万游客，其建设和运营费用每年约为5800万美元。毫无疑问的是，在志同道合、才华横溢，尤其在兰花方面有着独到见解的著名植物专家陈伟杰博士的悉心指导下，它成为世界上最非凡的植物园之一。

图5.9 1983年丹下健三（左）和贝聿铭（右）提出的滨海湾南区设计方案

5.2 自然保护地

继19世纪后半叶大规模的农业拓荒之后，在1879年，麦克奈尔的研究报告（McNair Report）对岛内成熟物种和林木的范围进行了详细调查。随后在1884年，为了保护岛上仅存的森林资产（如前所述，森林总面积仅占新加坡总面积的8%），新加坡政府成立了林业部。市政集水保护区成立于1900年，与武吉知马、红树林保护区、班丹森林保护区同时期建立。在保护区内，水库的建设持续进行，以服务不断增加的人口。麦克里奇、卡朗水库分别于1867年和1911年建成，双溪实里达水库于1922年建成，并于1967年和1969年进行了两次扩建。由于新加坡在早期殖民地时期的土地开发管理相对粗放。所以，最终旱地森林的保有量缩减至原始面积的0.5%[14]。

新加坡的四大自然保护区分别为：中央集水自然保护区、武吉知马自然保护区、双溪布鲁湿地保护区和拉布拉多自然保护区[15]。中央集水自然保护区占地2800公顷，规模最大并成为新加坡的中心大绿肺。它由1971年新加坡概念规划中的交通大内环所围绕，被龙脑香森林覆盖。龙脑香是一种丰富的原始低地森林物种，曾经是该岛的特色。该自然保护区内还拥有稀有的原始淡水沼泽森林，如尼舜沼泽森林。中央集水区是仅有的两个集水区中的主要集水区之一，其得名源于麦克里奇、上实里达（Upper Seletar）、上皮尔斯（Upper Pierce）和下皮尔斯（Lower Pierce）水库（图5.10）。其中，为方便开展狩猎、观鸟和自然观光等活动，麦克里奇水库区域内架设了20公里长的小径和木板路；此外，还搭建了250米长的吊桥和观景塔，可从高处俯瞰整个森林地区（图5.11）。如今，中央集水区自然保护区通过生态绿廊连接至武吉知马保护区[16]（图5.12）。这样做的目的在于恢复两个相邻自然保护区之间的生态联系，便于进一步拓展野生动物栖息地范围和提高繁衍可能性，这在东南亚尚属首例。这两个保护区内的物种加起来大约有840种开花植物和大约500种动物。生态绿廊总体平面呈钟形，桥上满植树木和灌木，此外廊道上面还设置了铁丝围栏，用来阻止来自中央集水区内体型较大的动物进入武吉知马自然保护区内那些体型较小的动物栖息地[17]。

武吉知马自然保护区距离新加坡市中心12公里，拥有非常丰富多样的生态系统[18]。它占地约164公顷，海拔163.63米，为全新加坡最高点。它始建于1883年，是该国为数不多的原始雨林区之一。100多年来，这里一直是新加坡国内重要的植物采集区，据说拥有全国40%的动植物群落[19]。1951年，全岛颁布了《自然保护区条例》，并成立了自然保护区委员会来管理这些地区。1990年，中央集水区自然保护区和武吉知马自然保护区都在新加坡《宪报》上公布，目的是切实保护新加坡的动植物生存繁衍环境。在 2005 年颁布的《公园和树木法》中更强化了这一点。2003 年，双溪布鲁湿地保护区被宣布成为东盟遗产公园，2011 年又将武吉知马自然保护区纳入其中。它们都成为东盟成员国中享有盛名的 35 个保护区网络的一部分。与中央集水区自然保护区一样，武吉知马自然保护区非常适宜开展徒步旅行、山地自行车等活动，但是需要遵守新加坡步道相关的行为规范与礼仪。

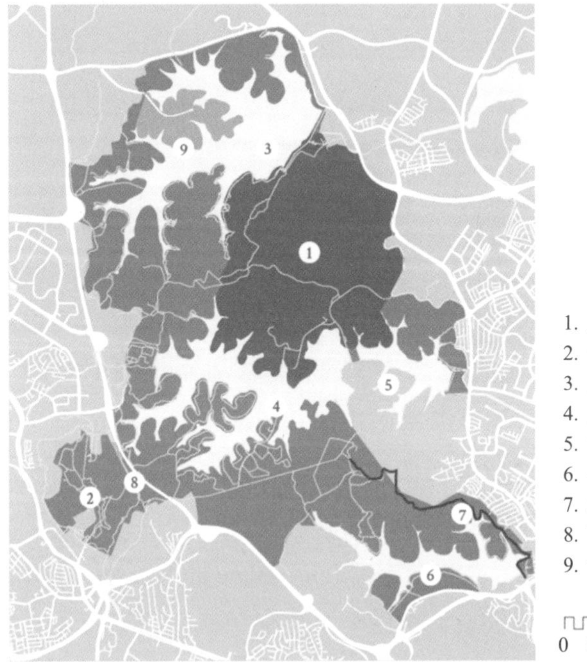

图 5.10　中央集水区自然保护区、武吉知马自然保护区

图 5.11　中央集水区内自然保护区内的“树丛之巅”步道和吊桥

图5.12 武吉知马自然保护区内的高速生态廊道

除了中央集水区和武吉知马之外，两个规模较小的保护区分别是面积为130公顷的双溪布鲁湿地保护区和面积为10公顷的拉布拉多自然保护区[20]。双溪布鲁湿地保护区位于岛的西北部，并于2002年在新加坡《宪报》上公布为自然保护区。如前所述，这里充满了丰富的动植物种群（图5.13）。相比之下，拉布拉多自然保护区位于该岛南部边缘，面向大海，位于南部山脊的次生林边缘，有悬崖边的珍稀植被和如画的滨海景色（图5.14）。它在2002年被公布为自然保护区。南岭是新加坡最具地形特色的地区，涵盖花柏山公园（Mount Faber Park）、泰洛布兰加山公园（Telok Blangah Hill Park）和肯特岭公园（Kent Ridge Park）。总体而言，这四个自然保护区构成了新加坡的自然景观骨架，同时拥有数量最多、种类最丰富的动植物群落。“自然之城”这个比喻通常指的就是这一区域的美景。

图5.13 双溪布鲁湿地保护区

图 5.14　拉布拉多自然保护区

5.3　活力、美丽、洁净水计划

活力、美丽、洁净水计划（简称“ABC 水计划”）于 2006 年实施，是新加坡雨水管理战略的一部分，反映了新加坡采用低影响的发展理念和实践，体现了它朝着“蓝绿”生态敏感性城市化迈进的决心[21]。在这种理念的指导下，“ABC 水计划”将那些从殖民时期起就服务于岛上并体现“实用主义”特色的排水沟、运河和水库，转化为美丽而干净的生态水景，在充分融入相邻开发项目的同时提供了一系列娱乐活动的场地。新加坡国家水资源管理局战略的更重要的意义在于让人们亲近水、欣赏水。这座城市的蓝色版图涵盖了 17 个水库、32 条主要河流和 8000 多公里的运河和排水沟的改造计划。到 2030 年之前，“ABC 水计划”将在 100 处地点分阶段予以实施（图 5.15）。截至 2017 年，新加坡公共设施委员会已完成其中的 36 个，其他公共机构和开发商也完成了 62 个。图 5.15 显示了项目的区位分布情况。这项计划最初由新加坡市区重建局领导的水体设计小组于 1989 年发起，后来由新加坡公共设施委员会正式制定，最终被纳入新加坡的总体规划，形成了一个由公园和水体组成的生态体系。公园和水体规划主要涵盖公园、开放空间、水体和联络线网的布局。因为新加坡岛域面积的 2/3 被确定为集水区，因此，必须确保流入运河和水库的地表径流在数量和质量方面得到妥善处理。另一方面，除了收集和保护本身，新加坡公共设施委员会的“ABC 水计划”的着眼点还在于让每一个新加坡人当家做主，共同为国家水资源管理贡献力量。

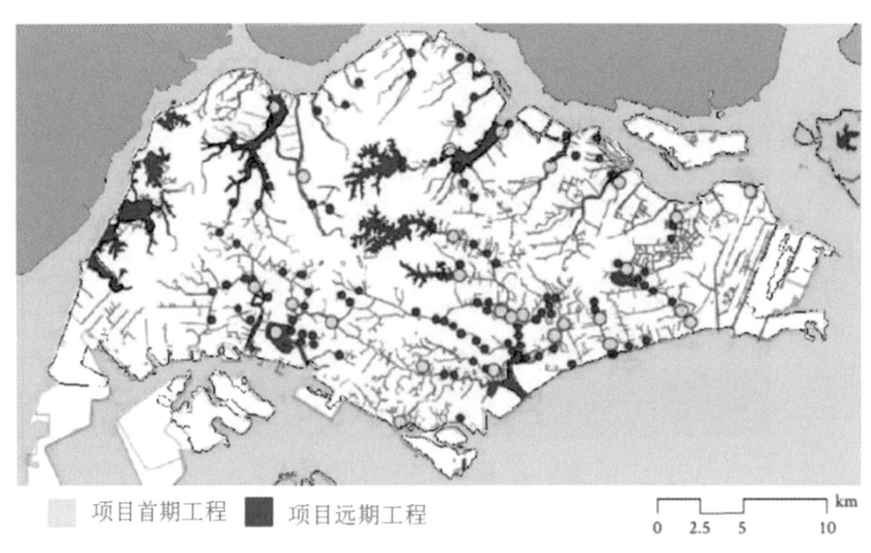

图5.15　新加坡的"ABC水计划"分期实施图

严格来说，新加坡公共设施委员会的"ABC水计划"雨水管理方法包括三个领域的策略：第一，使用低影响开发方法处理雨水径流[22]。在这方面，基本原则是在城市场地中重建、恢复开发前的水文动态，并采用生态化的手段在源头清除掉雨水中的污染物，在创造多功能景观的同时恢复自然水文过程。这样做的目的是将水道与城市景观结合起来，并提供一个更宜居且可持续的环境。低影响开发还可以吸纳和调蓄类似于2010年和2011年暴发的山洪。新加坡的年降雨量约为2400毫米，且每年约有178天为雨天，所以降雨和雨水管理的重要性不言而喻。此外，水作为一种宝贵的生态资源，如果没有这种严谨务实的态度，新加坡将被列为170个国家中排名第140位的缺水国家。第二，使用"源头－路径－受体"全流程方法来管理雨水，具体指从雨水的源头就开始进行水处理过程；路径的组成部分包括传统的公园、运河和排水沟，受体由洪泛区和排水沟组成，目的是为超常降雨事件提供缓冲机制。第三，"ABC水计划"的实施。"A"是指"活力"，主要涉及水体周围的新社区空间；"B"是指"美丽"，主要指营造充满活力和美观的空间；"C"是指"洁净"，主要是指改善水质并教育大众减少水污染。新加坡公共设施委员会在2011年发布的《"ABC水计划"工程框架》在很大程度上借鉴了澳大利亚于2009年公布的《水敏感城市设计框架》，里面提供了大量关于水管理的最佳实践方法、绩效评估和其他技术数据的文件，涵盖了包括沉淀池、洼地、生物滞留洼地、生物滞留盆地和雨水花园、人工湿地和渗透系统在内的至少六种水处理创新空间。同时，该文件还包含了各类空间的建议尺度、位置、介质和植物选择等实践内容。事实上，总结报告和评估报告对“ABC水计划”中使用低影响开发实践给予了高度评价，其中包括“活跃”和“优美”部分，但对“清洁”部分则较为模糊。

在已完成的项目中，有几个项目由于相对成功而脱颖而出，最大限度地展示了“ABC水计划”的建设成果。其中规模最大且最具雄心的项目之一是卡朗河项目，该项目采用低影响开发模式，为河流创造了巨大的缓冲空间，将混凝土结构的雨水输送系统转化为一条风景优美的生态河流。在卡朗河谷的这一方案中，由Dreisetl工作室设计的碧山宏茂桥公园值得特别关注[23]（图5.16）。作为新加坡中心地带最受欢迎的公园之一，它占地62公顷，曾经包括在碧山镇旁边由混凝土衬砌的加冷水渠。景观改造内容包括将2.7公里长的直河道转换为3.2公里长的蜿蜒河流，使其恢复自然特征和植被，蜿蜒穿过高低起伏的地形，为公园使用者提供充足的场地和设施。公园中还包括三个游乐场、一个餐厅和一个用旧渠道材料建造的新的眺望点等设施。水岸线的生态化处理和适当的植被覆盖也有助于净化雨水。野生动物和鸟类的回归也为公园的成功增光添彩。令人遗憾的是种植方案没有像热带植物和周边环境那样获得当地市民的认可。另一个与河道排水有关的亮点项目是亚历山大运河（Alexandra Canal），这条1.2公里长的运河穿过密集的建成区（图5.17）。2011年由CH2M Hill担任顾问，对它进行了改造，通过驳岸的“软化”并构建一个延伸的平台，营造了一个饶有趣味的瀑布景观和水上游乐区[24]。与平台相连的是一系列湿地空间，可以开展关于水体净化和生态修复的公共学习活动。

图5.16　碧山宏茂桥公园里的卡朗河谷

图5.17 亚历山大运河

新加坡中央集水区内久负盛名的麦克里奇水库也利用“ABC 水计划”得到了进一步提升（图 5.18）。为了优化游客体验并方便水库公共活动的开展，设计增加了一处舒适的公共活动中心和停车场，同时还增添了为皮划艇停泊服务的浮筒。随后，还在显著位置的小山丘上新建了一座餐饮店及一条水上栈道，以方便游客游玩。在水库保护区内，游客和娱乐设施的使用是对过去传统方式的创新，也是新加坡水闭环系统和水处理可行性的有力证明。“ABC 水计划”一个相对较新的实践案例则是榜鹅水库，以其盛港（Sengkang）浮动湿地设施而闻名。其核心设计主题为“我在榜鹅的水道”，位于新加坡的市中心，区位优越。漂浮湿地有助于改善水质，也为鸟类和鱼类提供良好的自然栖息地，同时还可方便人们近距离观察湿地生态系统。湿地还为新开发的俱乐部、运动场所和公园之间提供了无缝连接。但在“ABC 水计划”建设过程中，也出现过一些社会争议，人们对其运营和管理提出了批评，包括在舒适区内的思维定式僵化，害怕尝试更创新的手法，以及机构和项目之间缺乏协调等[25]。尽管有一些舆论非议，但整体而言，将这一技术向其他的热带和亚热带地区进行推广具有较高的可行性。首先是因为气候条件类似，其次是“ABC 水计划”实践开始的时间更早且技术更为成熟。这两点让“ABC 水计划”比来自温带地区的指南更加具备在热带及亚热带地区推广应用的适应性。其次，生物滞留系统和雨水花园是最恰当的低影响设施，也可推广到其他受地形或城市化影响的热带城市地区。最后，低影响开发模式的针对性和普适性对于造福其他热带和亚热带地区的居民也大有裨益[26]。因此，新加坡的“ABC 水计划”在获取公众认可方面的成功经验值得其他国家学习和借鉴。

图 5.18　麦克里奇水库

5.4　公园及其他连通道

2002 年，新加坡颁布了“街景绿化总体规划”，强调提升道路景观的多样性、景观质量与可辨识度[27]。该规划总共包含五种景观处理手法，分别是公园型、门户型、滨海型、森林型和乡村型。这五类手法主要基于四大设计原则形成，即连通性和便利性、精致的景观美化、丰富自然元素、强调质量、多样性以及从本地或现有环境中创造地方特色。此外，作为该计划的一部分，新加坡的树木和景观遗产也得到了保护，让传统树木融入街道景观（图 5.19）。事实上，在 2001 年成为地标的“遗产树”始于 1989 年开始的“公园连接计划”（图 5.20）。“公园连接计划”项目旨在利用运河和住宅区的空地连接主要公园，例如 5 公里长的卡朗河公园连接线。在 1991 年，“公园连接计划”获得了花园城市行动委员会的批准，该委员会自 20 世纪 60 年代末在新加坡国家发展部内设立，以协调各有关机构确保花园城市政策的落实。公园连接的想法也被纳入 1991 年新加坡概念规划之中。公园连接网络有效地优化了公共开放空间，并在多个方面创造了价值。具体的措施包括：车行道保留区的复合利用，为排水沟敷设盖板，将排水沟改造成景观道路、线性公园、绿色廊道和绿化隔离带，如碧山公园等。很快，公园连接系统就成了“花园中的城市”概念的一部分，在新加坡城市发展局（Urban Development Authority）和国家公园（National Parks）2002年的“公园和水体计划”中得到了广泛传播。截至2009年底，已建成了103公里公园连接线，最终完成后，公园的连接网络长度将达到350公里左右[28]。

图5.19 PASIR RIS DRIVE 3两侧的自然森林

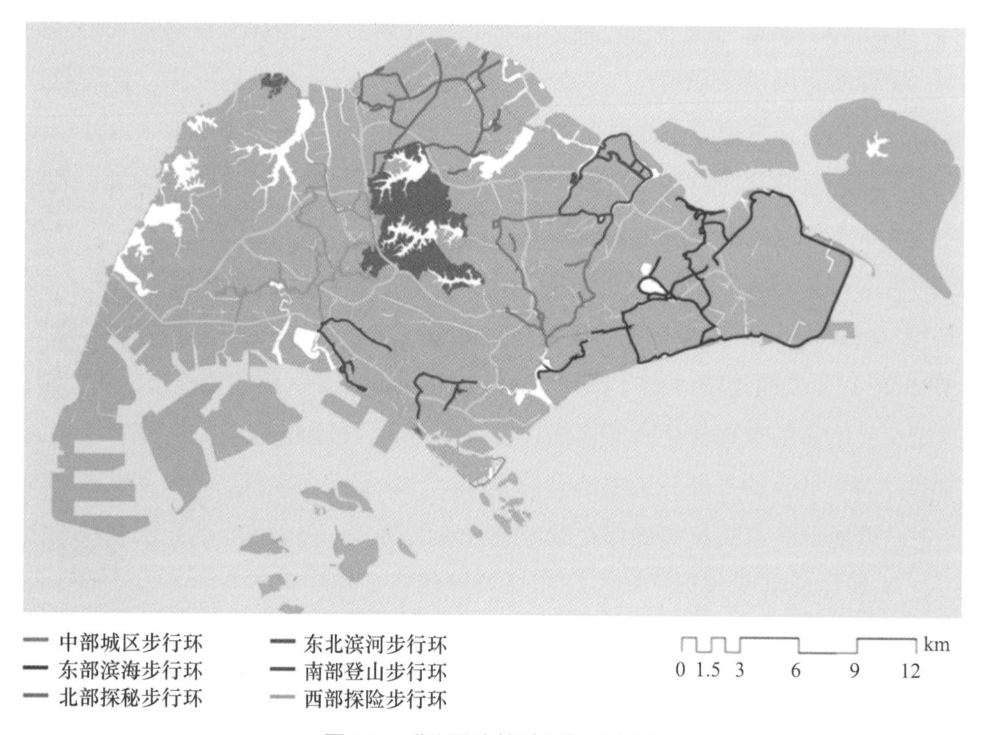

图5.20 “公园连接计划”示意图

在连接新加坡和马来西亚的原铁路线上开发的“铁路走廊”，是新加坡最突出的绿色连接线项目之一（图 5.21）。这条由马来亚铁道有限公司（Keretapi Tanah Melayu）运营的铁路最初建于 1903～1932 年，目的是连接新加坡港口和马来半岛来运输橡胶和锡用于出口。2011 年 7 月 1 日，铁路停止运营，铁路用地归还给新加坡政府[29]。铁路走廊在大部分时间里都是横穿新加坡岛中心的一道屏障。现在，在重新规划为绿色走廊的过程中，它被视为一个包容和共享的空间纽带，以及一个社区发展和共享经验的平台。事实上，在走廊两侧 1 公里范围内，大约有 100 万新加坡居民居住，还有大量的社区设施、公园、历史文化遗产、大约 58 所学校以及各种工作场所。在 2016 年，通过向全球募集建议书（RFP）之后，由日建设计（Nikken Sekkei）率领的设计团队获得了 24 公里铁路走廊的概念总体规划。由新加坡新典建筑设计事务所（MKPL）与中国土人景观的联合团队将前丹戎巴葛火车站（Tanjong Pagar）（建于 1932 年，外观为新装饰艺术风格）改建为多功能社区建筑而获奖。改造后，丹戎巴葛火车站成为了一座国家纪念馆[30]。在征求建议书之前，举行了一场名为“可能性之旅”的创意竞赛，邀请公众、学生和专业人士参与，激发出许多非常具有感染力的创意想法。在整个社区参与期间，新加坡市区重建局强调采用公众参与的方式共同创造铁路走廊的未来。这条走廊的灵感源自建于 20 世纪 80 年代和 90 年代巴黎的长廊工厂（planteée）以及纽约市的高线公园（Highline），这些原有的铁路线均改造成广受欢迎的公共空间。铁路线的历史文化传承和场所文脉保护也将纳入其中，特别是将武吉知马和丹戎巴葛火车站重新规划为社区建筑。

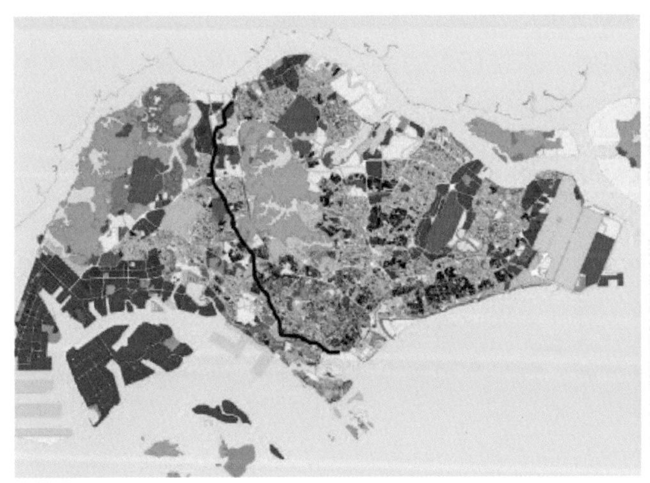

图 5.21　“铁路走廊”示意

此外，其他遗留文物，如铸铁桥也在项目中得到保留。该项目最终将采取分段建设的方式，总面积约 100 公顷，长约 24 公里，其规模对于连接项目本身和周边社区来说是相当可观的[31]。铁路走廊建成后将与全岛公园连接线网络和环岛线路相连，通过这条中央的铁路走廊可以到达岛上的任何角落。

5.5 主题及管理方面的考虑

近年来，都市绿化作为一种适应性和缓解性的手段而受到欢迎。许多国家城市推出了促进植树造林、保护城市绿地以及倡导绿色建筑的政策。绿地系统为城市带来了诸如减少和改善温室气体排放等多方面效益。从社会性的角度来看，绿地系统更是能促进大众身心健康并激发社会活力。新加坡的绿化规划有几大主题，主要包括维护生物多样性、促进碳吸收、树木建模和管理、绿色建筑建设以及各种生态系统研究等。以下是针对新加坡在这些领域活动、贡献和服务的总结及评价。

热带地区生态系统异常丰富，是地球上绝大多数生物的栖息地，新加坡也不例外，但如前所述，自 1819 年以来，新加坡森林砍伐率一直居高不下。在世界上 25 个生物多样性热点地区中，有四个位于东南亚，尽管与新加坡一样，到2100年，这些地区可能会丧失多达75%的原始森林和42%的生物多样性[32]。这四个热点区域是随着时间的推移和地壳的运动，由山脉变成岛屿，为物种的形成创造了理想的条件，生物群从亚洲大陆向东南亚群岛迁移而形成。在四个热点地区中，新加坡是巽他古陆的一部分，其他三个热点地区则是马来亚半岛、苏门答腊、爪哇和婆罗洲的一部分（图 5.22）。和其他地方一样，物种灭绝的速度取决于热点地区的消失或其特定的位置。最近的研究表明，在巽他古陆地区，哺乳动物的特有性 * 约为 35%，鸟类为 18%，爬行动物为 61%，两栖类为 80%，植物为 60%，具体物种变化情况见图 5.23。这些数字与其他三个东南亚热点地区基本持平，表明了该资源的不稳定性。对生物多样性的威胁主要是人为造成的，包括森林退化、森林火灾、野外狩猎和野生动物贸易等。而生物多样性的保护也面临着来自社会、科学和组织方面的考验。社会方面包括人口

---

* 物种特有性是指某一物种因历史、生态或生理因素等原因，造成其分布仅局限于某一特定的地理区域或大陆，而未在其他地方出现。——译者注

增长、贫困、养护资源短缺和腐败[33]；科学方面主要是对科学研究的不重视以及研究、成果的技术水平较低；而组织管理方面的因素则包括生境类型和数量的过于繁多以及保护区的范围过大等。

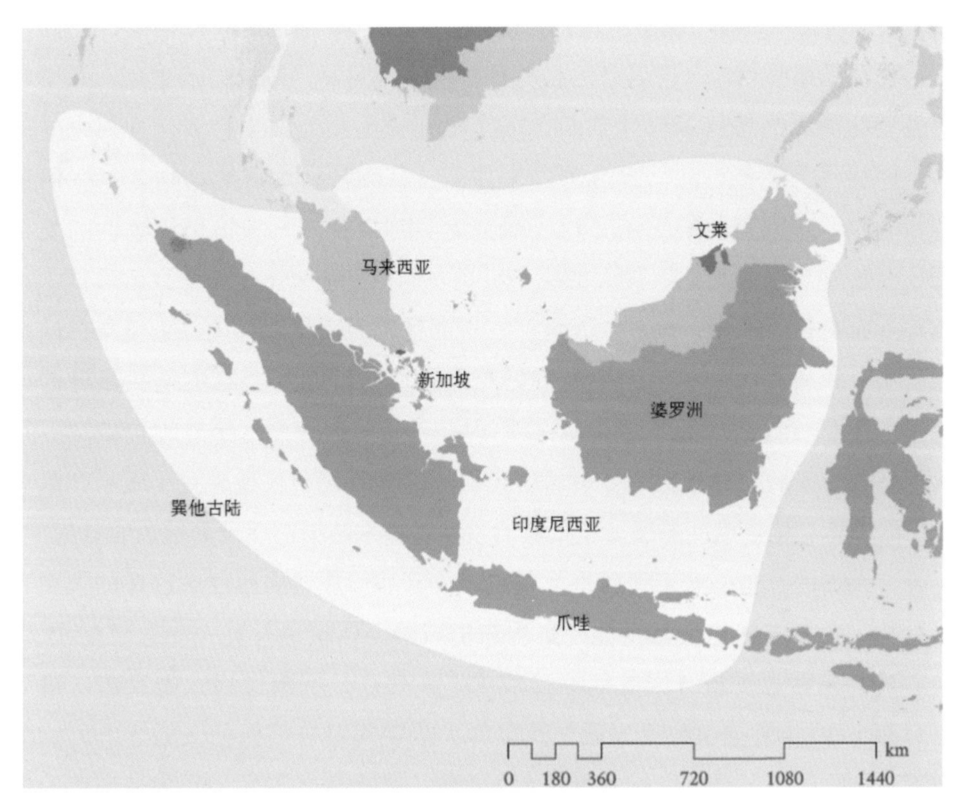

图 5.22　巽他古陆范围图

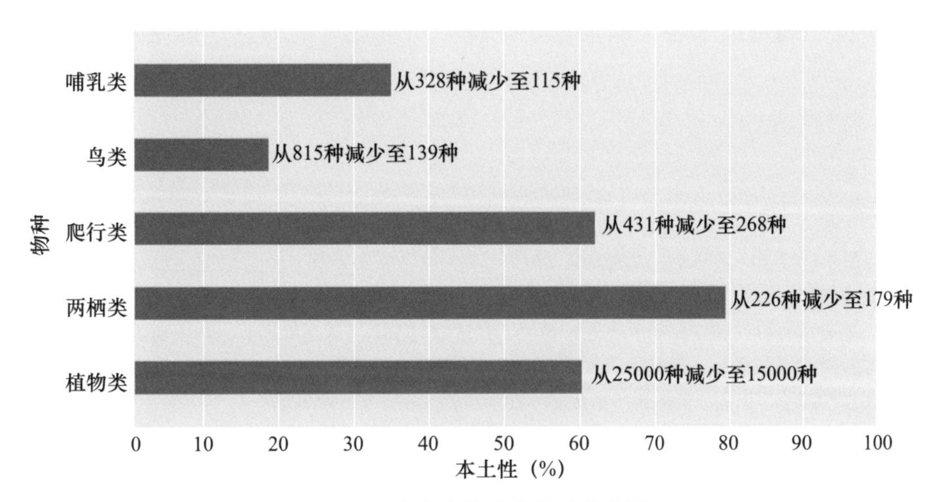

图 5.23　巽他古陆的特有物种变化情况

聚焦到新加坡，最早的可靠物种记录可以追溯到19世纪70年代，由此可推断出1819年可能的原始物种组成。在这一过程中，各类种群的灭绝率各不相同，物种多样性的总体损失率约为28%，即损失了3196种记录物种中的881种[34]（图5.24）。这还不包括发生在19世纪70年代记录以前所灭绝的物种。特别是那些列入保护名录的物种种群灭绝率很高，蝴蝶、淡水鱼、鸟类和哺乳动物的灭绝率从34%上升到43%。基于这些新加坡生物多样性损失的推断：同样作为巽他古陆一部分的马来西亚，其物种损失可能高达73%，栖息地占60%。不同程度的灭绝是由于研究人员称之为“影响物种延续性的复杂的尺度效应”*。换言之，较大的生物有更多的栖息地来支持可生存的种群，且物种寿命更长。比如，大多数灭绝存在于那些较为依赖森林内部生境条件的生物群中，灭绝率为33%，而那些偏好或能适应开阔森林边缘生境的物种的灭绝率为7%。新加坡物种灭绝的主要原因是迅速、大规模的栖息地被破坏，其次便是城市发展。栖息地的丧失、生态斑块的破碎化和改造导致了繁殖和取食场所的破坏、捕食难度的增加、土壤的侵蚀和灌木丛损失以及其他边缘效应**。此外，人类的狩猎、采集和捕杀活动也难辞其咎。如马来西亚虎这样的大型脊椎动物，一度被视作是人类和牲畜生命的威胁。据报道，有一个总数在99只左右的马来西亚虎群，因先后共造成125人死亡，不断遭到人类反击，最后一只在1930年被捕杀致死。第二次世界大战期间对自然保护区的炮击可能也对森林动物产生了严重影响。事实上，根据一些专家的说法，新加坡现存的生物多样性的未来前景黯淡，根据世界自然保护联盟地区名录标准，该岛77%的物种将受到持续威胁。简而言之，保护所有现有的栖息地和资源显得尤为重要。

---

* 生态系统多样性受区域尺度效应的影响。但是不同尺度下生态系统多样性表现如何，尚无多少研究。有些研究对生态系统多样性分析采用系统内的分析方法，从群落类型角度进行比较，发现在群落尺度下，物种多样性在纬度梯度上呈递减格局，在区域尺度下呈现递增趋势。利用我国以及区域已有生态系统类型分类体系，进行生态系统多样性的分析，研究其尺度效应，有利于丰富我国区域生态系统多样性理论，识别和保护生态系统多样性丰富的区域。——译者注

** 边缘效应是指在两个或两个以上不同性质的生态系统交互作用处，由于某些生态因子（物质、能量、信息、时机或地域）或系统属性的差异和协合作用而引起系统某些组分及行为的较大变化。边缘效应在其性质上可分为正效应和负效应，正效应表现出效应区（交错区、交接区、边缘区）比相邻生态系统具有更为优良的特性，如生产力提高、物种多样性增加等，反之称为负效应。——译者注

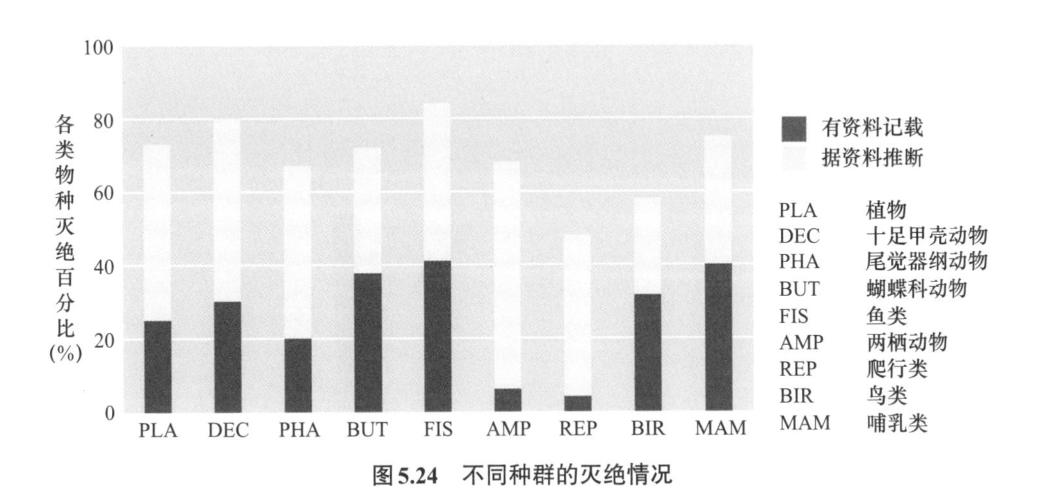

图 5.24　不同种群的灭绝情况

迄今为止，很少有实际证据能证实城市植被对减少温室气体排放或空气污染物浓度的直接有效性，包括证明城市植被可以直接从大气中清除二氧化碳的证据[35]。造成这种情况的原因有很多，但要全面评估城市绿化对碳吸收的贡献，需要同时考虑树木和土壤呼吸所积累的碳，也就是地上植被和地下土壤过程的综合效果。例如，许多研究表明，受到干扰的生态系统往往会造成碳流失，这与通常起碳汇作用的古老森林不同。到目前为止，在温带气候条件下对这些现象的研究较为常见，但在热带和亚热带气候地区，尤其新加坡的热带雨林气候中，对这些现象的研究却少得多。这里的树木通常四季常绿，因此，二氧化碳吸收的能力比北方和温带森林更强（图 5.25）。最近有一个针对新加坡 Telok Kurau 社区的研究，该社区二氧化碳的主要来源为车辆交通，其次考虑到人口压力和人口密度，第二大来源为人体代谢呼吸。试验数据表明，地表植被通过光合作用吸收了二氧化碳总排放的 7.8%。然而，从常年温暖潮湿土壤或地下流出的碳可能会抵消大部分碳吸收，使生物成分成为净排放源。换句话说，二氧化碳将被重新释放到大气中，而不是被吸收。据此进行进一步估计，若需抵消约 38790 克二氧化碳当量或 97% 的排放量，森林面积需要达到城市面积的 30～50 倍。在很长一段时间内，碳储存量将取决于城市扩张、绿化管理以及对生物和有机材料的碳分配。每年，生物物质通过修剪和碎片收集转移到土壤中，并视作从城市生态系统中移除。在新加坡，虽然大树占所有树木的 36.8%，但它们含有 95.3% 的生物量和碳。当把植被和土壤放在一起时，例如我们发现在新加坡 Telok Korau 社区，生物成分会额外增加 4.4% 的二氧化碳排放量。然而，新加坡的红树林总体表现要好得多。相对而言，时间越长，地下土壤和根系池内的碳占比越高。

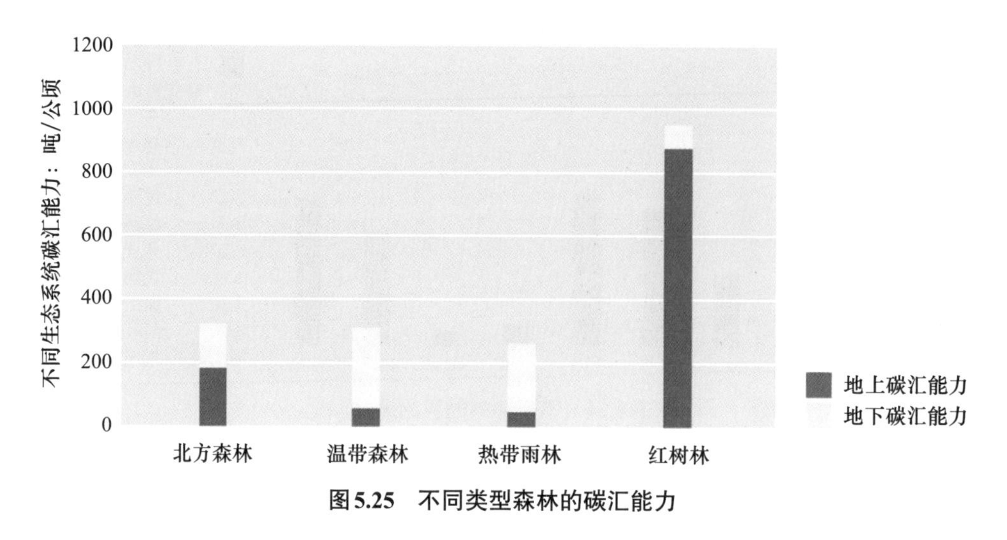

图5.25　不同类型森林的碳汇能力

新加坡国家公园局众多保护策略之一即为广泛的树木监测和研究计划。该管理程序的核心是一个树木注册系统，在这个系统中，树木被单独地编码、跟踪和管理。树木登记系统收集诸如树高、周长和物种等信息，允许远程进行有限元结构分析，以确定树木的稳定性。分析结果用于指导修剪计划，以增强树木抵御强风的能力[36]。有限元模型通常用于对建筑物和其他结构进行计算机模拟，鲜有城市采用这种技术来保护树木周边的人和财产安全，并指导修剪以及一般的植物管理活动。该程序管理下的所有新加坡树木都要定期检查、修剪、施肥，并且被持续关注。事实上，新加坡的整个“绿色和清洁”运动正是借助这种集监测、数据保存和研究于一体的手段，以及高强度和精细化的思路而实现。依托屋顶和墙壁绿化“焕活”建筑表面已成为新加坡城市景观又一个突出特点。人们对这种“生态化”的墙面和屋顶装置的兴趣可以追溯到20世纪60年代和70年代。从技术上讲，有几种方法可以在建筑物和其他结构（如桥梁和立交桥）上营造绿色生态墙面[37]（图5.26）。最常见的是壁挂式系统，由植被组成的面板或类似构件附着在墙或结构的外部。另一种方法是依靠独立的网格或框架，使植物附着在建筑立面之上。此外，还有利用生物土壤浸渍系统以及类似的精密技术与传统的墙体材料结合，形成浸渍式混凝土。壁挂式系统和独立式系统都为深根植物提供了足够的土培深度，也为从地面生长起来的植物提供了良好的灌溉条件。绿色生态墙面和屋顶系统的优点是多方面的。包括通过增加质量和热阻形成保温效应来减少加热需求；创造生态栖息地的同时提供一定的空气污染物过滤效果，还可以减少或延缓雨水径流波动；温度浮动可从 10～60℃的温差转变为 5～30℃。

图 5.26　新加坡科技研究所内的绿色生态墙面

截至 2017 年，新加坡有 100 公顷的绿化屋顶空间。新加坡国家公园局和新加坡市区重建局分别在 2009 年和 2011 年共同努力推广和推进绿色生态墙面和屋顶[38]。“绿地置换政策”[39]的推出意味着某些地区的新开发项目必须提供景观区域以弥补地面上绿化和景观的减少，因此使得开发商必须在顶部提供景观平台并形成优质的景观界面。事实上，空中花园已经被鼓励采用更大、更高的形式以打造公共空间。新加坡国家公园局通过其“空中绿化激励计划”，同意承担 50% 的生态墙面安装成本。新加坡绿色建筑中最突出的是当地建筑公司 WOHA 旗下的两家酒店[40]。其中一家是位于唐人街边缘的皮克林皇家公园（Parkroyal），酒店内有绿色屋顶、墙面元素和立面格架（图 5.27）。另一个是市中心的 Oasia 酒店（图 5.28），它被设计成一个高耸的塔楼，并用网格花架包裹整个建筑外立面。红色的花架造型优雅别致，容纳了 21 种开花植物，绿化了建筑立面，并延伸至一个部分封闭的空中露台，在建筑体积中部有一个巨大的中层露台。近年来，许多其他的建筑都采用了类似的生态墙和屋顶系统。此外，新加坡在改善总体能源需求和提升建筑能源利用效率方面也在不断进步，这些要素都含在 LEED* 或类似评级系统中。

* LEED（Leadership in Energy and Environmental Design，能源与环境设计先锋）是一个绿色建筑评价体系，旨在有效减少建筑设计对环境和住户的消极影响，以形成一个完整、准确的绿色建筑概念规范，防止建筑的滥绿色化。LEED 由美国绿色建筑委员会建立并于 2000 年开始推行，在美国部分州和一些国家已被列为法定强制标准。——译者注

图5.27 WOHA公司旗下的皮克林皇家公园酒店

图5.28 WOHA公司旗下的Oasia酒店

5.6 为了更具生物亲和力的未来

总体而言，新加坡有两种类型的绿色景观。第一类属于生态景观，包含自然生态体系、集水区、原始森林等。第二种则是人工建造的公园、花园、街景、运河和天际露台等。在新加坡从“花园城市”到“花园中的城市”再到“自然之城”的演变过程中，新加坡国家公园局作为权威的监督和驱动者，一直致力于将新加坡人工建成环境与生态系统进行自然地融合。其总体目标就是让新加坡成为一个完整而稳定的城市生态系统。另外，新加坡国家公园局还致力于将人们与大自然重新连接起来，让生活在城市中的人们能深刻体会到与自然的和谐共生。与此同时，新加坡国家公园局仍在积极主动且坚持不懈地在建成环境中寻找和识别绿色植物或可能与其相关的一切元素。事实上，新加坡在绿化管理方面的地位也是独一无二的，例如图 5.29 所示的绿地置换政策。这源于其生态活动的范围、多样性、技术的先进性以及支撑其生态举措的科学、植物学和其他研究。前面几节描述了这些举措，在过去半个世纪里，它们在新加坡迅速发展直至蔚然成风。

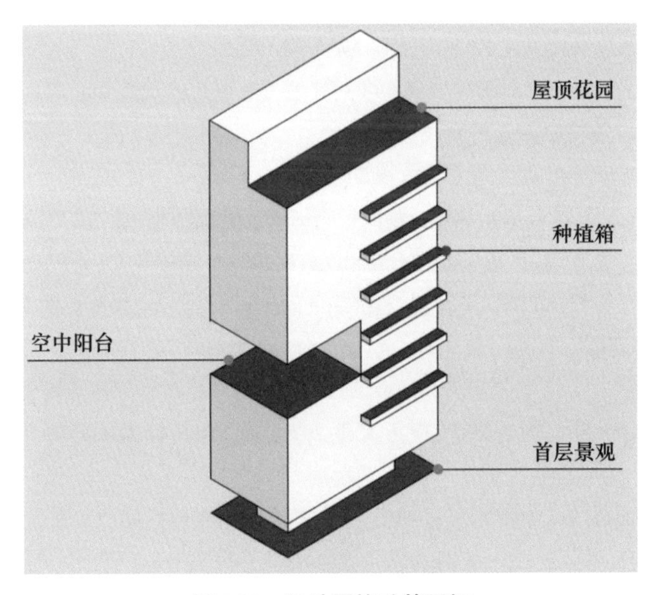

图 5.29　绿地置换政策图解

在新加坡努力将其公民与自然联系起来的背后，隐含着其认为此类做法从根本上是有益的这一基本判断。换句话说，它意图使建成环境更具生物亲和力，或更接近自然状态。简单来讲，生物亲和力表明人类有一种天生的倾向，即寻求与自然以及其他生命形式的联系。爱德华 • 威尔逊（Edward O. Wilson）1986 年出版的《亲生命性》（*Biophilia*）一书中，更简洁地将“亲生命性”描述成“与其他生命形式相联系的欲望”，从而进一步推广了对这种生存状态的认知[41]。从这一点上可以看出，“生物空间”有助于增强并支持社会生活的心理能力，缓解心理压力并进一步优化感官体验。更通俗地讲，在自然和人造环境之间建立强有力联系的亲生物性举措是有益的。大量证据也证实了这点，这些好处就包括帮助办公室职员提高工作效率，鼓励儿童学习和发展以及促进病人康复等。而那些增强生物亲和力的举措往往包括引入自然光，提高自然视野可见率，增加绿色植被以及在环境装饰中使用更自然的材料、纹理和图案等。

注释

[1] 见《重现伊甸园：植物园的自然历史》（参考文献 239）第 185-240 页。

[2] 见《东南亚植物园的历史意义》（参考文献 152）第 707-714 页。

[3] 基于《新加坡的环境相关性》（参考文献 256）第 117-119 页。

[4] 见《新加坡的环境相关性》（参考文献 256）和《新加坡植物园》（参考文献 165）。

[5] 见《新加坡的环境相关性》（参考文献 256）第 18 页。

[6] 基于 2017 年 2 月 11 日对新加坡植物园的实地考察期间的观察和介绍；并见《新加坡植物园的兰花》（参考文献 275）。

[7] 见《新加坡的环境相关性》（参考文献 256）第 130 页。

[8] 基于 2017 年 2 月 11 日对新加坡植物园植物标本室考察所述。

[9] 基于 2017 年 2 月 15 日对新加坡国家公园局首席执行官陈伟杰（Tan Wee Kiat）博士专访。

[10] 见《对现场 / 非现场的深入探索：Gustafson Porter 的工作》（参考文献 245）第 66-75 页。

[11] 见“滨海湾花园”维基词条。

[12] 基于 2017 年 2 月 15 日笔者对新加坡国家公园局首席执行官陈伟杰博士专访。

[13] 见《为了下个世纪的规划》（参考文献 207）第 2 页，以及《滨海花园》（参考文献 280）。

[14] 基于《包含的自然：新加坡的环境史》（参考文献 98）。

[15] 见《公园和自然保护区》（参考文献 195）。

[16] 基于 2017 年 2 月 10 日对 Eco-Link 的实地考察。

[17] 基于对 Eco-Link 和武吉知马保护区的实地考察。

[18] 基于武吉知马自然保护区官方网站。

[19] 基于笔者 2017 年 2 月与国家公园管理局中央自然保护区主任陈龙女士的对话。

[20] 见《海洋的节奏：拉布拉多海滩的生活和时代》（参考文献 198）。

[21] 见《热带地区的可持续城市雨水管理：对新加坡 ABC 水计划的评估》（参考文献 176）第 842 页。

[22] 基于《热带地区的可持续城市雨水管理：对新加坡 ABC 水计划的评估》（参考文献 176）第 843-846 页。

[23] 见《积极美丽的清洁水设计准则》第 88 页。

[24] 见《亚历山德拉运河》第 220 页。

[25] 基于笔者 2017 年 2 月 10 日对新加坡 Ramboll Studio Dreiseitl 董事总经理 Tobias Baur 先生的采访。

[26] 见《热带地区的可持续城市雨水管理：对新加坡 ABC 水计划的评估》(参考文献 176) 第 859 页。

[27] 见《案例研究 1：在花园中种植城市》(参考文献 196) 第 11-63 页；见《花园中的城市：进化中的花园》(参考文献 197) 第 25 页。

[28] 见《案例研究 1：在花园中种植城市》(参考文献 196) 第 11-63 页；见《花园中的城市：进化中的花园》(参考文献 197) 第 25 页。

[29] 基于 2017 年 8 月 16 日对新加坡城市重建局高级总监陈启宁 (Tan See Nin) 先生的采访。

[30] 基于陈启宁先生的演讲材料。

[31] 基于陈启宁先生的演讲材料。

[32] 见《东南亚生物多样性：即将来临的灾难》(参考文献 80)。

[33] 见《东南亚生物多样性：即将来临的灾难》(参考文献 80) 第 645 页。

[34] 见《新加坡森林砍伐后灾难性的灭绝》(参考文献 81) 第 420、422 页。

[35] 见《植被会增强碳固存吗?》(参考文献 263) 第 99、110、111、105 页。

[36] 根据 2017 年 2 月 10 日对 NParks 首席执行官 Kenneth Er 先生和 NEA 副总裁 Leong Chee Chiew 博士的采访。

[37] 绿色屋顶可参考《立体农场》杂志中《绿色屋顶，绿色墙壁》文章。

[38] 基于 2017 年 2 月 9 日与 NParks 首席执行官兼 CEO 梁志基先生的采访。

[39] 2014 年通过的新加坡绿地置换政策，要求任何因开发而失去的绿化必须被新建筑内同等面积的公共可获得的绿化所取代。

[40] 见《WOHA：会呼吸的建筑》(参考文献 112)。

[41] 见《亲生命性》(参考文献 268)。

第6章

未来的路

除了近年来一系列著名建筑、城市设计作品、活动中心、节事盛典和知名企业之外，更能代表新加坡的真正优势且与世界其他城市相比独树一帜的魅力，正是20世纪90年代初期以来其在“蓝绿网络”规划和实施方面所取得的成就（图6.1）。在这一方面，新加坡毫无疑问走在了世界前列。新加坡在“蓝绿空间”规划和建设方面已经取得的和未来可能会继续创造的成就，很大程度上取决于新加坡人独特的思维习惯，也就是广为人知的“怕输”精神（Kiasu，直译为“怕输”，即由于害怕停滞不前而不得不持续努力的一种心态——译者注），这种精神的内核在于高度的实用主义、对于成功和增效的不懈追求以及高度统一的集体意识。这种成功也源于一种强烈信念，即通过精心拟定计划，并利用支撑性的技术来实施，就一定能够使得城市日臻完美。新加坡的政府部门和私营机构在领导决策、政治意愿、战略远见等方面达成了清晰的共识，因此在共同实现目标的道路上很少有内耗的情况出现。未来，在不可避免的内外挑战面前，要让公众进一步认同新加坡是一个真正的“自然之城”，就需要更加重视且更多地与公众开展对话。可以预见，一旦实现这个目标，新加坡又将成为这一领域的“世界第一”。在“蓝绿网络”规划和绩效目标这一参考框架内，新加坡几乎有把握实现其设立的大部分目标。即使从国外进口的“虚拟水”部分仍难以平衡。但在2061年或更早之前，新加坡国内将全面实现生活用水的可持续利用，因此，新加坡将会毫无疑问的成为全球水管理方面的领先者，其在生活用水方面所作出的技术创新将很快地传播到国际市场上，引领新标准的建立，并帮助更多城市取得水管理的成功，新加坡这个岛国研发的水管理闭环和再生水利用计划将会被复制推广并得到广泛认可。另一方面，“绿色”这一元素也不会被忽视——通过将高密度的生活工作空间与丰富的热带植物和动物培育结合起来，新加坡人正越来越重视培养这种亲近自然的生活方式。新加坡人对于自然重要性的认知越来越深刻，因为这不仅关乎于岛国的水安全前景，也将为城市和国家带来丰厚的回报，“蓝绿之城”将不仅是一种美名，更是代表其都市景观的显著特征[1]。实现目标需要大家齐心协力，除了进一步巩固既有合作关系之外，缔结新的合作关系也是非常必要的。与其他国家相比，新加坡在追求经济发展和环境可持续性方面已经取得了显著的优势地位，且未来还将一直保持这样的领跑优势。

图 6.1　1991 年概念规划中的"蓝绿空间"网络

6.1　成功的要素

构成前文中提及的种种成就的要素是多方面且相互关联的。首先，新加坡的国家治理具有以下鲜明特征：强烈的政治意图、前瞻性的领导力、明确的政策导向、政府部门的通力协作、公私部门间的合作、卓越的机构能力以及一种实用主义的意识形态[2]。李光耀在独立初期所提出的非凡远见前文已经进行了详细论述，这些远见与政治意愿和清晰的洞察力都是新加坡崛起和成功的关键。新加坡一党制的成功并不是坐享其成，而是靠不断进取所赢得的，2015 年人民行动党在大选中以 69.9% 的得票率获得"压倒性"胜利，其成功再次印证了这一点[3]。当未来存在某种程度的不确定性时，选民们会把票投给那些被广泛认可且已经有所作为的人，而非那些毫不知名的候选人。这种结果在大众的意料之中，也是情理之内。

机构间的合作对于实现愿景和发挥领导力来说至关重要，也深刻影响着新加坡"蓝绿网络"重要纲领性规划内容的制定和实施。1971 年的概念规划和总体规划工作奠定了清晰、规范，且一以贯之的优良规划传统，其他主管部门的规划和计划也延续了这些特点，比如新加坡公共设施委员会发布的"活力、美丽、洁净水计划”，市区重建局发布的国家公园景观和绿道总体规划等。各机构之间相互尊重的意识、共同的紧迫感和过硬的专业技能是成就这些事业的基础。规划的实施也依赖于对实际情况客观的认知、对需求的准确测算以及科学技术的运用。为了让跨部门的合作更为顺畅，大家争论的焦点一般都集中在实质性内容，而并不拘泥于形式。一个部门的利益所在或许意味其在某个决策中占据主导地位，但绝不会由其总揽全局或独立决策[4]。这种协同合作的方式，使得那些涉及广泛利益和社会关注的议题能够以一种政府整体决策的方式得到解决。在“蓝绿空间”发展趋势转变的背景下，一些特定职能部门的利益诉求发生了改变、拓展或聚焦，这也成为大家持续深入合作的重要基础（图 6.2）。例如，为了直接快速地推动“活力、美丽、洁净水计划”，新加坡公共设施委员会在1996年将原有的新加坡国家公园委员会与公园和康乐局（Parks and Recreation Department）合并，成立了新的国家公园委员会（NParks）。

图 6.2　从花园城市走向自然之城

提高公众意识和开展相关活动，使公众保持兴趣和参与度，也有助于新加坡的成功。从早期的“清洁和绿色”运动到后来的“活力、美丽、洁净水计划”，公众不断意识到环境问题和责任。这些行动和计划以不同的方式被传播到各个群体当中。例如，“ABC 水计划”从儿童教育和宣传开始入手，然后影响到其父母所在的成人群体。这些活动在表现形式上一般都很有吸引力，且在沟通宣传中采用了较为温和但能够强调紧迫性的方式来进行。随着活动类型的拓展，能够持续地吸引更多对其感兴趣的公众，不断扩大信息传播的范围。

此外，一种隐藏于背后的新加坡式思维习惯——“怕输”（Kiasu），使整个社会或社会中的大部分人保持一致。“Kiasu”一词的含义可大致翻译为“害怕失去”，基于闽南语中的“害怕”一词，“kia”在闽南语中指的是“害怕失去”，而“su”的意思是“输”[5]。从表面上看，这一词汇暗含了一种贪婪和自私的态度。但是，进一步研究这一词汇在新加坡英语中的含义演变，它也可能意味着“过于谨慎”和“害怕失败”，以及因“怕输”而不断进步从而取得成就。作为一种心理状态，“怕输”在某种程度上类似于恐惧支配下的焦虑或英文中的“偏执狂”一词[6]。这个词还有一层含义，即尽可能地压低风险，即追求最大程度的实用主义。虽然“Kiasu”一词在新加坡通常带有一定的负面含义，但是在某些语境下它也传达了坚定前进的决心。尽管在新加坡国家独立初期，内外局势不稳定性较大且各类资源极度匮乏，国民对于水安全和其他人居环境提升方面的目标并未形成集体意识，但这并不妨碍后期所有人为了这一目标共同的努力，且持续地、渐进地通过技术创新实现这一目标。我们认为，强有力的领导、跨部门的合作以及强烈的公众意识，加上国民对于现实的深刻认知和“Kiasu”精神，正是新加坡能够在“蓝绿空间”方面取得成就的重要原因。

6.2　公共参与

新加坡的规划过程中，国家引导下的公众参与是显而易见的。与其他地方自下而上、自发形成和不受约束的公众参与不同，新加坡的公众参与更有秩序。在城市发展目标从“花园城市”转向“田园水城”的过程中，新加坡政府特别积极地向国民灌输环保意识、统一的社群价值观和对于绿化保护的社会责任感[7]。这种公众参与有两种形式：一是如前文所述，通过日常宣传提高公众意识，二是通过举办焦点小组会议和研讨会来开展公众参与和咨询[8]。这些旨在向新加坡公众开展宣传和提高认识的活动通常还兼具着强化某项具体项目和政府政策的目标[9]。在实践中，这种公众活动的开展往往伴随着某项环境保护和公众健康法案的正式发布。如前文所述，新加坡长期举行的清洁和绿色周运动，以及近年来推出的新加坡国家公园日和植树日等都是这一举措的典型案例。新加坡国家公园局所启动的“社区花园绽放计划”也是其中之一，这一活动能够在全国层面宣传、深化公众对于绿化活动的认知和参与热情，并且有助于构建社区凝聚力，合力实现国家层面的绿化战略目标，尽管其在推动社会凝聚力形成方面的实际效果仍然有待观察，但在总体层面上无疑是成功的[10]。另一种公众参与的实施途径是透过教育系统对校内学生的宣教，使得相关知识被传播到家庭成员之间[11]。

在新加坡，公众参与“蓝绿空间”网络项目是通过国家发起的焦点小组或基于项目的设计研讨会进行的。例如，在制定 2012 年《新加坡绿色规划》的过程中，明确了新加坡 10 年期的环境可持续性发展路径，焦点小组在公众参与进程中扮演了重点角色[12]。此外，尽管有时组织形式较为松散，新加坡民间社会也有一些主动影响政策制定的例子。比如，民间社会组织的行动就曾切实影响了将双溪布鲁淡水沼泽确定为鸟类保护区和自然保护区的决策，以及将乌敏岛（Pulau Ubin）上的仄爪哇（Chek Jawa）收回并予以保护的决策。就当前正在进行的项目而言，由新加坡国家发展部和市区重建局协调的铁路走廊项目被视为吸引公众参与的一个绝佳机会，非政府环境组织“自然社会”也积极鼓励公众参与到规划决策中，并且牵头组建了一个代表自然、遗产和文化等方面利益团体的咨询小组。正如前文提及的，该项目的公众参与活动形式多样，包括创意竞赛、设计研讨会和在线门户网站。另一个典型的例子是活力、美丽、洁净水计划，在该计划中，公众参与活动的广泛开展确保了项目实施之后，社区成员对水资源设施和公园资产能够形成广泛认可，并将自己视为这些设施的“所有者”[13]。

关于新加坡公众参与的争论焦点主要集中在活动中缺乏代表新加坡主流国民的工人阶级和中产阶级的参与。正如一位评论员所描述的：“公众对新加坡规划过程的影响需立足于三个前提因素，一是公民必须遵守国家规定的条件和边界，尤其是在种族和宗教问题方面[14]；再者，参与也应以建设性的立场进行，其目的是寻求共识而不是争论；最后，公民应当能够接受他们的观点可能会受到审查和质疑的可能性。”正如其他一些学者指出的，这种可能性会导致不太知情或操作方面不熟练的公民不愿意积极参与到规划和咨询过程中，从而导致参与人口以所谓的“超级公民”（Super-citizens）为主，群体代表性出现偏差。这里的“超级公民”是一个术语，用来描述那些消息灵通、遵守参与要求、可能与关注领域有专业关系的公民，如从业者、投资者和学者。

6.3　未来的挑战

在新加坡“蓝绿空间”保护和开发活动的背景下，其未来可能面临的主要环境挑战有可能来自境外，但必然同时与岛内形成的“胶囊型”生态系统相关。岛外层面影响着新加坡环境的因素至少有以下三点：一是气候变化及与之相关的各种现象；二是对公众健康和环境质量构成影响的外部威胁；三是东南亚民用核设施扩散造成的风险。其中，气候变化的影响可能是最大的，尽管其他两个因素也不能轻易忽视。从地理上讲，新加坡被周边邻国包围，与马来西亚和印度尼西亚非常接近，而且外围圈层邻国还包括广大的东盟成员国集团。

大量的科学证据表明，气候变化是人类活动产生的后果，且主要源自我们排放到大气中并不断积累的温室气体。各国为监测、描述、预测并减少排放量做出了巨大努力，尤其是1988年联合国主持，由世界气象组织（World Meteorological Organization）和联合国环境规划署（United Nations Environment Program）两个组织共同成立了“联合国政府间气候变化专门委员会”（Intergovernmental Panel on Climate Change，IPCC），并得到了联合国大会的认可[15]。该委员会总部设在日内瓦，以学术研究为主要依据进行综合评估。其研究结果被提炼归纳为“代表性浓度途径”（Representative Concentration Pathways，RCPs）*，以二氧化碳当量单位来代表温室气体的浓度，对应不同的

* 人类活动导致的未来气候变化情景设计一直是IPCC的重要工作内容之一，IPCC研究出了一套代表性浓度路径（representative concentration pathways，RCPs）情境。RCPs是一系列综合的浓缩和排放情境，用作21世纪人类活动影响下气候变化预测模型的输入参数，以描述未来人口、社会经济、科学技术、能源消耗和土地利用等方面发生变化时，温室气体、反应性气体、气溶胶的排放量，以及大气成分的浓度。RCPs包括一个高排放情境（$8.5W/m^2$，RCP8.5）、两个中等排放情境（$6.5W/m^2$，RCP6.5）+（$4.5W/m^2$，RCP4.5）和一个低排放情境（$2.6W/m^2$，RCP2.6）。其中RCP8.5导致的温度上升最大，其次是RCP6.5、RCP4.5，RCP2.6对全球变暖的影响最小。——译者注

未来气候发展情境[16]。根据预测，未来辐射强迫值*的范围有四种可能，分别是：RCPs 为 2.6、4.5、6.5 和 8.5。在不同 RCP 值之下，将匹配不同的社会经济发展道路。反过来，在不同的社会经济发展道路上，对应的 RCP 又会形成不同的峰值和长期趋势。以这种方式进行预测，通常的目标时间是 2100 年，更远的可以展望到 2300 年，尽管不确定性会大大增加。如图 6.3 所示说明了几种不同的预测情境。

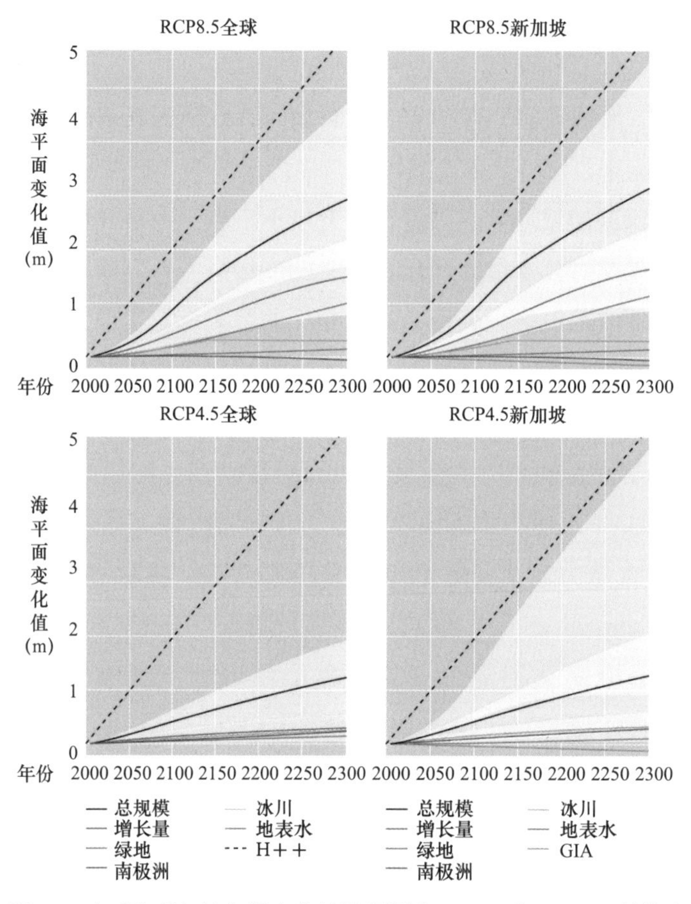

图 6.3　全球和新加坡气候变化情境预测（RCP8.5 和 RCP4.5 情境）

* 辐射强迫是指由于气候系统内部变化，如二氧化碳浓度或太阳辐射的变化等外部强迫引起的对流层顶垂直方向上的净辐射变化，其单位为 W/m^2。辐射强迫是对某个因子改变地球－大气系统射入和逸出能量平衡影响程度的一种度量，同时也是一种指数，反映了该因子在潜在气候变化机制中的重要性。正强迫使地球表面增暖，负强迫则使其降温。某种气体对气候变化辐射强迫的贡献，取决于该气体的分子辐射特性、大气中浓度增加量以及释放到大气中之后的存留时间等。温室气体在大气中的存留时间与政策密切相关，在自然过程把排放到大气中的温室气体清除掉之前，长寿命温室气体在大气中要存留至少几十年甚至几千年，它们对维持大气辐射强迫具有不可逆的作用。一旦温室气体产生的正辐射强迫占主导作用，全球地面平均气温就会呈上升趋势。——译者注

针对新加坡特定条件开展的研究表明，与全球平均估计值相比，新加坡海平面上升的可能性更大，其海平面上升水平将略高于全球平均水平 5%，这是因为海洋长期吸收热量导致[17]。模拟结果表明，在 RCP4.5 情境下，2300 年海平面上升幅度将达到 0.36～2.10 米；而在 RCP8.5 情境下，2300 年海平面上升幅度将达到 0.94～5.48 米。将敏感性测试应用于这些预测结果来寻求适应性解决方案，例如建造海堤，建议在 21～23 世纪将海平面上升的上限范围定为 1.0～2.0 米，将 2300 年海平面上升的上限定为 3.0～6.0 米[18]。多项研究共同表明，将 2070～2099 年与 1980～2009 年间的平均近地气温值进行比较，在 RCP4.5 情境下，其上升值为 1.4～2.7℃，而在 RCP8.5 的情境下，这一指标将会达到 2.9～4.6℃。降雨也可能受到影响，11 月至次年 1 月的冬季将变得更加湿润，其他月份则变得更加干燥。这些降水方面的波动变化使得极端干旱、暴风雨和山洪等现象的发生率随之升高。据统计，1980 年新加坡的年平均降雨量为 2192 毫米，2014 年上升到 2727 毫米，降雨的时间分布也有所不同。许多关于海平面上升的研究同时表明，到 2100 年，在 RCP4.5 的情境下，海平面将上升 0.25～0.65 米，在 RCP8.5 的情境下海平面将上升 0.35～0.76 米。新加坡岛大部分地区的高程比海面高 15 米以上，约 30% 的地区比海面高不足 5 米，这些地区主要是沿海区域。因此对于 RCP4.5 和 RCP8.5 情境，2050 年的平均海平面上升高度估计约为 0.25 米[19]。

气候变化对新加坡潜在的影响可能在以下六个方面带来挑战[20]。一是保护海岸线免受淹没，包括可能的海岸侵蚀和土地流失。总的来说，新加坡境内 180 公里的海岸线相对平坦，包括机场、港口设施和海拔 2 米及以下事关城市发展的重要基础设施。针对这一情况“2008 年国家气候变化战略”（National Climate Change Strategy of 2008）要求 70%～80% 的沿海地区建设海堤以进行保护；尽管海堤建设可能会损害红树林[21]。二是优化水资源管理，以应对洪水灾难和供水条件恶化。极端天气事件将可能导致内陆洪水，特别是在季风季节。公共设施委员会已经大幅减少了易受洪水影响的地区，从 20 世纪 70 年代的 3178 公顷减少到 2010 年的 98 公顷，2013 年再次减少到 40 公顷。气候变化对水库的不利影响可能来自更高的蒸发量，加之温度升高造成的藻类疯长和海水（盐水）入侵也会对水质产生巨大影响。不过，即便海水侵入水库，已有的可变盐度水处理工艺也能进行处理。三是气候变化对生物多样性的影响。当气温上升 1.5～2.5℃时，将对动植物、土壤形成、养分储存和污染吸收产生影响。

四是公共卫生领域的潜在威胁。气候变化将对如登革热一类的传染类疾病的传染性产生影响，且患病后的热应激反应可能更为强烈，导致老年人和体质虚弱的居民危险系数提升。五是对建筑物和相关基础设施产生不利影响。六是由于低洼地区被淹而造成的基础设施系统性破坏。[22] 除此之外，气候变化的负面影响还包括可能进一步加剧的热岛效应，气温持续升高带来的疾病以及制冷服务需求激增带来的能耗加大和预算提升等问题。同时，气候变化也会造成全球粮食供需关系的变化和价格波动，对于新加坡这样 90% 食物依赖进口的国家来说，也是不容忽视的潜在威胁。

在应对气候变化的不利影响时，IPCC 将“适应”定义为生态、社会和经济系统对实际或预期的气候刺激及其影响所作出的调整。而“适应能力”则是运用这样一个或多个系统适应气候变化和其潜在损害的能力。在新加坡，至少有两种方法是可行的。一种是“无为”的方法，即放任海平面以下的土地被淹没。总的来说，这相当于损失 4～17 平方公里的旱地，也就是岛上旱地面积的 0.6%～2.7%[23]（图 6.4）。然而，由于一些原因，这一选择是不可行的。首先，除了前面描述的国家重要基础设施外，可能被淹没的脆弱地区之一是新加坡的岛屿群，而其中一个岛屿上拥有世界第三大炼油中心，它是新加坡国内生产总

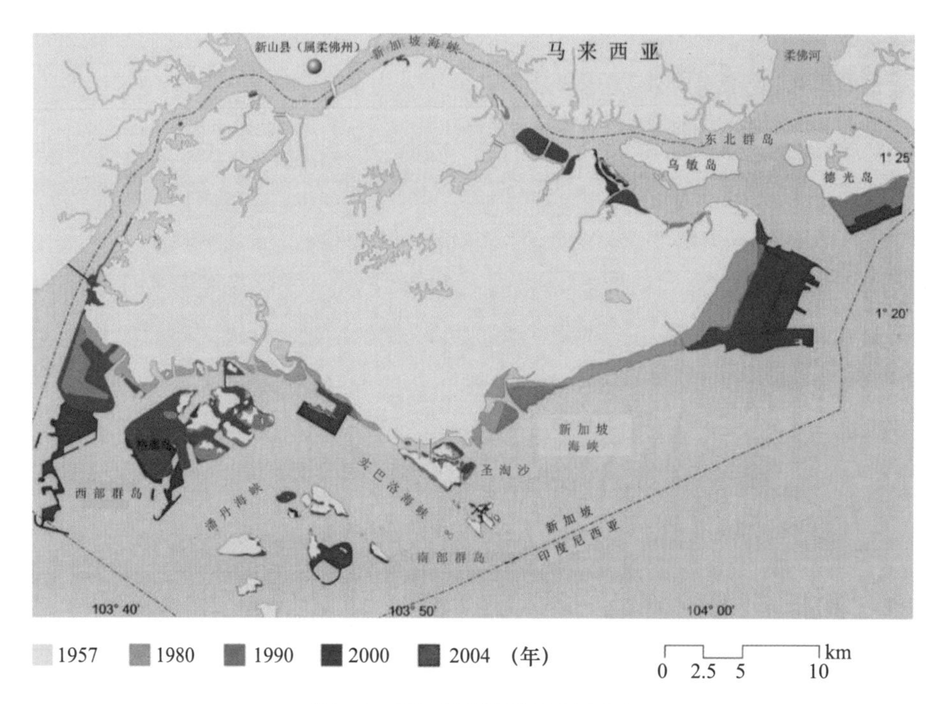

图 6.4 新加坡填海造陆时序图

值的重要来源。其次，其他地势低洼的沿海地区也恰好具有很高的房地产价值，在这些地区，修建海堤来保护城市的成本可以与被海水淹没造成的财产损失抵消。事实上，研究表明，对于新加坡沿海地区修筑海堤或建设类似的防护设施是可行的，且目前看来是最优的解决方法。因为去除成本之后，它所保护的价值仍然大于零（图 6.5）。随着时间的推移，海堤的建设将需要随着海堤的维护逐步推进。相关研究结果表明，每 20～30 年间隔进行一次修建更为可行，产生的成本分别为 194% 和 367%。此类工程的款项可以以税收的形式、按照全体获益的原则向全体新加坡人征收，也可以由受影响沿海地区的业主承担。

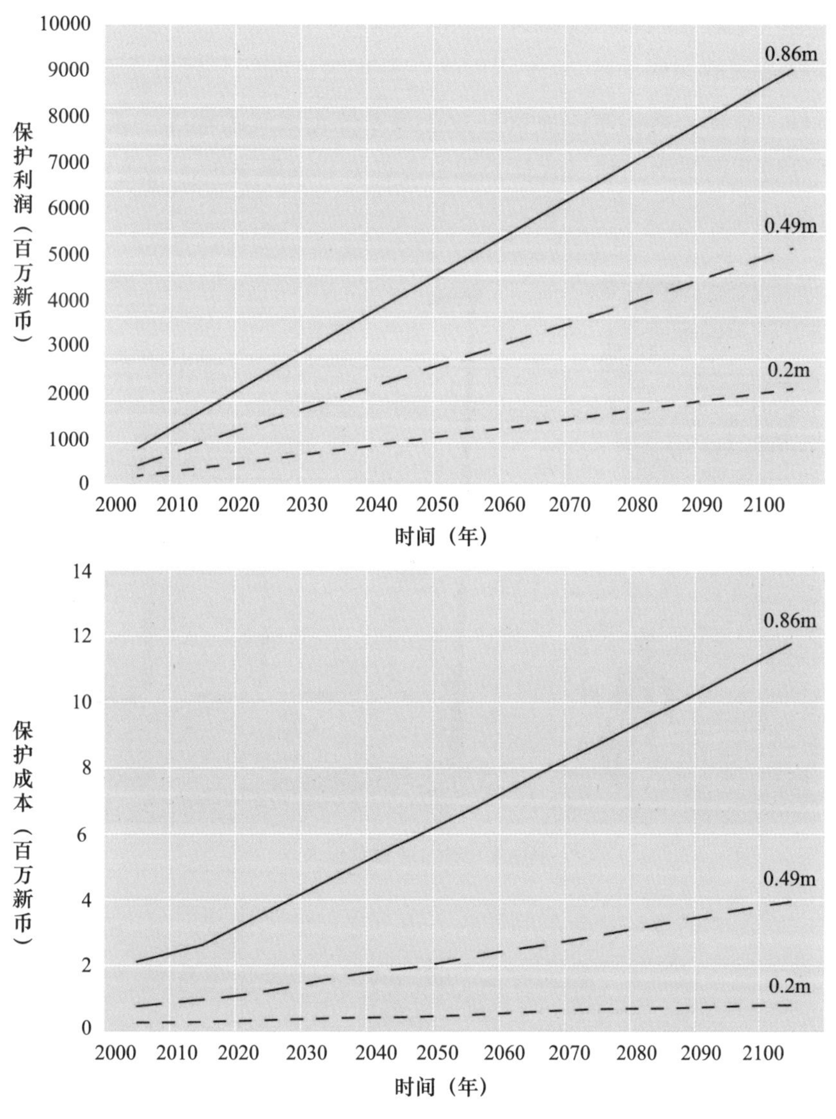

图 6.5 为缓解海平面上升所产生的经济成本和收益示意

另一种区域层面的环境现象会周期性发生，那就是由于新加坡周边国家在农作物和棕榈种植中采用“火耕垦荒”的方式，造成森林火灾频发而产生的有害烟雾，尤其是冬季来自邻国印度尼西亚的雾霾，每次都会给新加坡带来严重影响[24]。在2013年11月下旬，新加坡衡量雾霾程度的“污染标准指数”创历史纪录达到了401个单位（图6.6）。现在，新加坡国家环境局每天密切监测并在线发布这些指数，在24小时周期内，0～55的水平属于正常水平，56～150的即偏高，151～250为较高，251以上的水平则是非常高，会对公共卫生产生严重威胁，学校和社区将深受影响而关闭。尽管新加坡的雾霾污染能否得到永久性的解决还有待观察，但印尼政府已经做出了巨大的努力来遏制雾霾和森林火灾的问题。自2015年以来，新加坡连续三年没有出现极端的雾霾污染事件。然而，两国之间紧密的商业联系使得大气治理这一议题相对复杂，但两国通过共同努力，并一致认为通过友好合作来解决这一问题是符合两国共同利益的[25]。

图6.6　新加坡雾霾现象

第三个潜在的威胁虽然是间接的，也并非经常性出现，但仍然应当被视为一种风险。这一威胁源于新加坡几个邻国的民用核能发电计划，尤其是印尼的核发展计划。虽然印尼是世界上最大的天然气生产国之一，但它仍长期进口石油和其他燃料，在能源紧张和碳排放减低目标的背景下，印尼一直在寻求通过建设核电站来解决电力生产的问题。印尼设定了到2020年二氧化碳排放量降低 26% 的目标，并一直有意放弃化石燃料。为此，印尼在爪哇岛东部的马都拉岛（Madura Island）和爪哇岛东北部的三浦半岛（Miura Peninsula）建立了初期核电厂并提升了其产能，随着研究的不断推进，印尼政府提出了在 2025 年前建成 4 座核电站并达到全国电力总产量 2% 的目标。事实上，在东南亚或东盟成员国中，印尼并不是唯一一个在探索核电站技术并建立核电站的国家。相较之下，东盟地区只有新加坡对核电站设施的安全保障表示高度谨慎和关切[26]。作为替代，新加坡在石化炼油技术上较为先进，其所生产的大部分产品都用于出口。总而言之，这些区域现象和影响以类似于前文讨论中提及的“虚拟水”的方式，均会影响新加坡为自身创造的近乎原始的生态胶囊。新加坡创造了自己的成功，这个国家执行着严格的《环境保护和管理法》及禁烟令，国民持有、使用私家车的成本极其高昂，时至今日它成为全亚洲乃至全球最清洁和最绿色的城市。

6.4　应对未来的不确定性

在水安全、维护“清洁和绿色”的国家发展目标以及实现“自然之城”的发展愿景等方面，新加坡全面成功的概率相当之高。本书所提到的这些目标、策略和政策，基本上是基于新加坡这一有限的空间实体来展开的，因此易于操作和实施，且新加坡丰富的技术型专家和务实的工作方式有助于快速地解决现实问题。然而，正如本书在一些关键章节指出的那样，一些虚拟的和超客观的因素（例如宗教信仰）可能会从外部给新加坡这一岛国目前的平衡状态带来挑战，或者说可能会使其偏离目前的技术型思维和行动方式。在前面讨论过的气候变化带来的挑战中，由于外部邻国的经济活动而造成新加坡的环境质量降低正是一个这样的例子。此外，为了维持较高的生活水平和财富水平，人口结构中的非新加坡人占比可能会进一步提高，除了贫富悬殊的持续扩大之外，还会带来潜在的社会破坏和社会政治风险。

尽管我们不能确定其他国家会采取什么样的政策措施，但是新加坡所提供的经验可以说是非常有吸引力的。首先，国际社会应该更清晰地认识到新加坡正在逐步解决自身的问题，包括建设海堤来应对海平面上升的危机，并在减少虚拟水资源方面主动承担责任，这些举措都已经取得了相当显著的成效。这些目标可以通过不断创新水处理工艺来实现，比如新生水和海水淡化工艺，这些技术综合运用下能够解决气候变化引起的水源水质不稳定问题。其次，新加坡在与外国签订进口食品和工业产品的贸易和其他协议时，可以考虑自行征收类似于“虚拟水资源税”的税项。然而，追求完全独立的国内供水体系，虽然在技术上是可行的，但很可能并非正确的政治策略，近年来新加坡与马来西亚的紧张关系不断加剧就是证明[27]。跨境环境中的相互友好依存可能是一种更优越、更经济务实的战略。再次，全方位提高劳动效率，新加坡未来的社区也会更加均衡、和谐。最后，这些努力也有助于新加坡在国际上获得更高的道德地位，推动其他国家向新加坡学习，在环保和人居环境方面取得更高的成就，更广泛地造福于人类。为实现这样的目标，新加坡需要积极传播其目前在水资源管理方面积累的知识和技术。

新加坡成功之道的第二点是为了创新而作出的持久努力，这种付出最有可能发生在环境与其他相关技术的整合和应用领域。当然，新加坡最近采取的加强高等教育、强化科学研究赞助等制度也是优良且必要的步骤。未来的教育系统将更加注重实用型工作技能的培训和服务于行业发展的研究项目，因此，未来国家创新的方向就更加明确，且由于劳动力短缺而引发的工人移民及社会阶层分化也能够被缓解[28]。此外，在这一过程中还必须重视消解其他群体对新加坡人“仇外”的控诉。与之紧密相关的是，必须保持一直以来新加坡国民见多识广、意见统一、立场一致的优势，这种社会传统奠定了“蓝绿之城”系列项目的成功。虽然在目前社会政治压力不断增强，未来不确定性不断提升的背景下，维持这种社会传统具有相当的难度。尽管新加坡国境的狭小是其先天的弱势，但通过全体国民的努力，其已经将这种弱势转化为了优势。

注释

[1] 见《建设一个自然中的城市》(参考文献 277) 第 3 页。

[2] 见《新加坡的实用主义意识形态：新自由主义全球化和家长式政治》(参考文献 252) 第 67-92 页。

[3] 2015 年新加坡大选的结果是人民行动党获得 69.9% 的全国平均得票率，赢得 82 个国会议员席位，相比 2011 年大选时 60.1% 的得票率增加了 9.8%。

[4] 摘自 2017 年 2 月 7 日与 Tan Nguan Sen 先生的访谈 (见采访列表 4)。

[5] 见《怕输，怕输：你想到了什么》(参考文献 174)。

[6] 新加坡英语词典：https：//www.singlishdictionary.com/singlish_k_htm。

[7] 见《城市约束和政治责任：新加坡环境设计》(参考文献 229) 第 37-52 页。

[8] 见《将环境融入城市发展：新加坡的实践模板》(参考文献 172) 第 10-11 页；以及《解决新加坡的水资源短缺问题：制度设计，策略与实施》(参考文献 271)。

[9] 见《将环境融入城市发展：新加坡的实践模板》(参考文献 172) 第 10 页。

[10] 见《社区花园绽放计划：新加坡社区花园建设中的地方参与》(参考文献 254) 第 536-537 页。

[11] 见《新加坡水资源需求管理》(参考文献 259) 第 2729 页。

[12] 见《政府援助下的新加坡规划公众参与》(参考文献 242) 第 34-35 页。

[13] 见《复兴新加坡城市水景观：活力、美丽、洁净水计划》(参考文献 253) 第 14-15 页。

[14] 见《新加坡政策制定中的政治》(参考文献 149)。

[15] 见《第十章：对于海平面、气温和降雨变化的长期预测》(参考文献 202) 第 2 页。

[16] 见《第十章：对于海平面、气温和降雨变化的长期预测》(参考文献 202) 第 5 页。

[17] 见《第十章：对于海平面、气温和降雨变化的长期预测》(参考文献 202) 第 18 页。

[18] 见《新加坡第二次气候变化大会总结》(参考文献 185) 第 8-9 页。

[19] 见《新加坡第二次气候变化大会总结》(参考文献 185) 第 2 页。

[20] 见《气候变化适应和水资源政策：新加坡经验》(参考文献 106) 第 158 页。

[21] 见《气候变化适应和水资源政策：新加坡经验》(参考文献 106) 第 1-10 页。

[22] 见《气候变化适应和水资源政策：新加坡经验》(参考文献 106) 第 158 页。

[23] 见《气候变化适应和水资源政策：新加坡经验》(参考文献 106) 第 158 页。

[24] 基于 2013 年 6 月 21 日，BBC 亚洲新闻："由于印尼山火，新加坡发生创纪录雾霾"。

[25] 见《新加坡雾霾》(参考文献 127) 第 7 段。

[26] 见《东南亚隐约崛起的核能产业》(参考文献 141)。

[27] 见《新马之间"水战"升级》(参考文献 234)。

[28] 例如，新加坡科技和设计大学在未来的技能培养计划会聚焦在新加坡产业发展转型所需的产业中。

采 访 列 表

The dates of interviews by person and designation, as well as site visits were as follows.

1. 6 Feb. 2017 Mr. Harry Seah, Director of Technology, PUB.
2. 7 Feb. 2017 Mr. Tan Nguan Sen, Chief Sustainability Officer, PUB.
3. 8 Feb, 2017 Mr. Khew Sin Khoon, CEO, CPG Consultants.
4. 9 Feb. 2017 Mr. Tan Gee Paw, Chairman, PUB.
5. 9 Feb. 2017 Mr. Kenneth Er, CEO, NParks and Dr. Leong Chee Chiew, DCEO, NParks.
6. 9 Feb. 2017 Mr. Richard Hassel and Mr. Wong Mun Summ, Co-Founders, WOHA.
7. 10 Feb. 2017 Mr. Loh Ah Tuan, Former DCEO, NEA.
8. 10 Feb. 2017 Mr. Tobias Baur, Managing Director, Ramboll Studio Dreiseitl Singapore.
9. 10 Feb. 2017 Bukit Timah Reserve site visit.
10. 10 Feb. 2017 Eco-Link@BKE (Bukit Timah Expressway) site visit.
11. 11 Feb. 2017 Alexandra Canal site visit.
12. 11 Feb. 2017 Central Catchment Nature Reserve site visit.
13. 11 Feb. 2017 Singapore Botanic Gardens (Herbarium and Laboratories) site visit.
14. 15 Feb. 2017 Dr. Tan Wee Kiat, CEO, Gardens by the Bay.
15. 22 Jun. 2017 Mr. Yong Wei Hin, Director, Deep Tunnel Sewage System, PUB.
16. 22 Jun. 2017 Mr. Lim Liang Jim, Director, Industrt and Centre for Urban Greenery and Ecology, NParks.
17. 22 Jun. 2017 Dr. Lena Chan, Director, National Biodiversity Centre, Nparks.
18. 22 Jun. 2017 Mr Harry Seah, Chief Technology Officer, PUB.
19. 22 Jun. 2017 Sinspring Desalination Plant, Tuas, site visit.
20. 22 Jun. 2017 Bedok NEWater Plant, site visit.
21. 23 Jun. 2017 Mr. Khoo Teng Chye, Executive Director, CLC.
22. 15 Aug. 2017 Ms. Olivia Lum, Founder, Hyflux.
23. 15 Aug. 2017 Mr. Chionh Chye Khye, CLC Fellow; Former DCEO, HDB and Former CEO, BCA.
24. 16 Aug. 2017 Ms. Fun Siew Leng, Assistant Chief Planner, URA.
25. 16 Aug. 2017 Ms. Linda De Mello, Deputy Director, 3P Networks, PUB.

26. 16 Aug. 2017 Mr. Michael Koh, CLC Fellow.
27. 16 Aug. 2017 Gardens by the Bay site visit with Dr. Tan Wee Kiat, CEO, Gardens by the Bay.
28. 17 Aug. 2017 Dr. Cheong Koon Hean, CEO, HDB; Former CEO, URA.
29. 17 Aug. 2017 Mr. Wong Kai Yeng, Former Group Director, URA.
30. 17 Aug. 2017 Prof. Leo Tan, Veteran Marine Biologist; Former Director, Singapore Science Centre.
31. 17 Aug. 2017 Dr. Darren Yeo, Fmr. Chair of National Parks Board; Assist. Prof. Biological Sci. Dept., NUS.
32. 17 Aug. 2017 Lee Kong Chian Natural History Museum, site visit.
33. 18 Aug. 2017 Dr. Liu Thai Ker, Former CEO, HDB and URA; Chairman, CLC.
34. 18 Aug. 2017 Mr Yap Kheng Guan, Former Director, PUB.

图片版权

图 1.1 Harvard Graduate School of Design (2018). Satellite Image of Singapore. [image] Available at Google Earth [Accessed 27 Jun. 2018].

图 1.2 Urban Redevelopment Authority (1991). Living the next lap: Towards a tropical city of excellence, Singapore.

图 1.3 The Population of Singapore, 1826-2017. (2018). [Computer-aided Diagram] Massachusetts: Harvard Graduate School of Design. Based on Jan Lahmeyer. Historical Demography-Asia, Singapore. www.populstat.info/populhome.html.

表1.1 Economic Intensity of Singapore among Selected Cities. (2018). [Computer-aided Harvard Graduate School of Design. Based on World Bank, 'databank.worldbank.org/data/GDP'; Wikipedia, 'List of Cities by GDP'; OECD, 'Regions GDP (PPP), 2016'; Jegede, 2018, Top 12 Richest Countries in The World. Trendrr, December 1.

表 1.2 Singapore′s Total and Non-resident Population. (2018). [Computer-aided Diagram] Massachusetts: Harvard Graduate School of Design. Based on Singapore Census of Population, Natural Populatation and Total.

图 2.1 Painting from Iain Mauley. 2010. Tales of Old Singapore. Singapore: Earnshaw Books, p11.

图 2.2 Winstedt, R. (1982). Plan of Ancient Singapore. [Sketch] Malaysia: Journal of the Malaysian Branch of the Royal Asiatic Society.

图 2.3 Galstaun, A. (1910). Malay Village, Singapore. [Photograph] Singapore: Arshak C Galstaun Collection, National Archives of Singapore.

图 2.4 Jackson, P. (1822). Plan of the Town of Singapore. [Sketch of Map] Singapore: Government of SIngapore.

图 2.5 Maya Jagapal (1991). Old Singapore: Images of Asia. Singapore: Oxford University Press, p12.

图 2.6 Courtesy of the National Museum of Singapore, National Heritage Board Galstaun, A. (1910). Malay Village, Singapore. [Photograph] Singapore: Arshak C Galstaun Collection, National Archives of Singapore.

图 2.7 Koninck, Rodolphe De., Drolet, Julie, and Girard, Marc. Singapore : An Atlas of Perpetual Territorial Transformation. Singapore: NUS Press, 2008.

图2.8 Glass Positive of a Pepper Plantation in Singapore. (1900). [Glass Positive] Singapore: National Museum of Singapore.

图2.9 Guo, W. (2018). Map of Sea Routes to Singapore. [Computer-aided Drawing] Massachusetts: Harvard Graduate School of Design. Based on Theracie. "The Impact of External Events on Singapore". https: //www.slideshare.net/theracie/chapter-four.

图2.10 Rowe, P. (n.d.). Trolley Car on Geyland Road. [Photograph].

图2.11 Map of the Island of Singapore and its dependencies. (1911). [Map] London: War Office.

图2.12 Corlett RT, (1991). Vegetation. The Biophysical Environment of Singapore. Singapore University Press, Singapore.

图2.13 Singapore coffee plantation, late nineteenth century. (1800). [Photograph] Washington: Library of Congress.

图2.14 The Mainichi Newspapers/AFLO.

图2.15 Squatters in Seah Liang Seah Estate at Serangoon Road, Singapore. (1963). [Photograph] Singapore: National Archives of Singapore.

图2.16 After, Frances Loeb Library, Graduate School of Design, Harvard University, Visual Sources.

图2.17 Rowe, P. (n.d.). Night Carts in Operation. [Photograph].

图2.18 Rowe, P. (n.d.). A Turnkey Factory in the Jurong Industrial Park. [Photograph].

图2.19 Urban Redevelopment Authority Singapore.

图2.20 Prime Minister Lee Kuan Yew Planting a Sapling During His Tour of Ulu Pandan Constituency. (1963). [Photograph] Singapore: Ministry of Information and the Arts.

图3.1 National Parks Board.

图3.2 James Tan.

图3.3 National Parks Board

图3.4 Koninck, Rodolphe De. Singapore: Singapore′s Permanent Territorial Revolution: Fifty Years in Fifty Maps. Singapore: NUS Press, 2017.

图3.5 Howard, E. (1902). The Garden City Concept. [Sketch] United Kingdom: Garden Cities of Tomorrow.

图3.6 29A Miller, M. (2018). Letchworth. [Photograph] United Kingdom: Letchworth: The First Garden City, Volume 2.

图3.7 MacFadyen, D. (1970). Welwyn, United Kingdom. [Photograph] Manchester: Sir Ebenezer Howard and the Town Planning Movement.

图3.8 Urban Redevelopment Authority Singapore.

图3.9 Schinkel, S., Selter, S., & Memhard, M. (n.d.). Berlin: Maps, Plans, Diagrams, Berlin, Germany.

图3.10 Möhring, B., Eberstadt, R. and Peterson, R. (1890). Diagram of the Berlin Metropolis.

[Sketch] Munich and London: Shaping the Great City: Modern Architecture in Central Europe, 1890-1937.

图 3.11　WOHA.

图 3.12　Bennett, W. (1833). American Pastoralism: Richmond from the Hill Above the Waterworks. [Hand-colored Aquatint] Washington: National Gallery of Art.

图 3.13　Circuit boards, Atlanta 2004, from the series Intolerable Beauty: Portraits of American Mass Consumption (2003-2005), by Chris Jordan.

图 3.14　Inness, G. (1856). The Lackawanna Valley. [Oil on Canvas] Washington: National Gallery of Art.

图 3.15　Hénard, E. (2018). Bois du Boulogne. [Sketch] Paris.

图 3.16　Haussmann, B. (1853). Example of a boulevard created by Haussmann. [Sketch] Paris.

图 3.17　Lorenzetti, A. (1338). The Allegory of Good and Bad Government. [Fresco] Siena: Palazzo Pubblico.

图 3.18　Rowe, P. (n.d.). Garbatella, Rome. [Photograph].

图 3.19　colored image of huts: Galstaun, A. (1900). Farmer′s House, Singapore. [Painting] Courtesy of the National University of Singapore Museum Collection.

image of building: A Kampong School Compound. (1948). [Painting] Singapore: Shin Min Public School Collection, National Archives of Singapore.

image of vegetation: Rural Board Facilities. (1952). [Painting] Courtesy of the National Museum of Singapore, National Heritage Board. image of map: Coleman, G. (1839). Map of the Town and Environs of Singapore from an Actual Survey. [Survey Map] Singapore: National Archives of Singapore.

图 4.1　PUB, Singapore′s National Water Agency.

图 4.2　PUB, Singapore′s National Water Agency.

表 4.1　PUB, Singapore′s National Water Agency.

图 4.3　PUB, Singapore′s National Water Agency.

图 4.4　PUB, Singapore′s National Water Agency.

图 4.5　PUB, Singapore′s National Water Agency.

图 4.6　PUB, Singapore′s National Water Agency.

图 4.7　Innovations in water treatment technology, drawn by Luke Tan.

图 4.8　Hyflux Limited

图 4.9　PUB, Singapore′s National Water Agency.

图 4.10　PUB, Singapore′s National Water Agency.

图 4.11　PUB, Singapore′s National Water Agency.

图 4.12　Kennedy, A. and Sankey, M. (1897). The Thermal Efficiency of Steam Engines. [Sketch] United Kingdom: Minutes of the Proceedings of the Institution of Civil Engineers.

图4.13 A Stock-Flow Diagram of Singapore′s Expenditure on Electricity & Water by Sector and Land Use (2017). Numbers are estimates, not exact figures. Data source: Singapore Energy Statistics 2018; URA Master Plan and.

图 4.14 PUB, Singapore National Water Agency.

图 4.15 PUB, Singapore National Water Agency.

表 4.2 Singapore′s Virtual Water Use. (2018). [Computer-aided Diagram] Massachusetts: Harvard Graduate School of Design. Based on Vanham, 2011, p223-225.

图 5.1 Botanic Garden. (1989). [Photograph] Singapore: Ministry of Information and the Arts.

图5.2 Plan of the Singapore Botanic Gardens. (2018). [Computer-aided Map] Massachusetts: Harvard Graduate School of Design. Based on map from Data.gov.sg. http: //data.gov.sg/.

图 5.3 National Parks Board.

图 5.4 Gardens by the Bay.

图 5.5 Plan of Gardens by the Bay. (2018). [Computer-aided Map] Massachusetts: Harvard Graduate School of Design. Based on map from Data.gov.sg. http: //data.gov.sg/.

图 5.6 Interior of Cloud Forest. (n.d.). [Photograph] Singapore: Gardens by the Bay.

图 5.7 Supertree Grove - Night. (n.d.). [Photograph] Singapore: Gardens by the Bay.

图 5.8 Image above by Chriskay, below by LWYang.

图 5.9 Urban Redevelopment Authority Singapore.

图 5.10 The Central Catchment and Bukit Timah. (2018). [Computer-aided Map] Massachusetts: Harvard Graduate School of Design. Based on map from Data.gov.sg. http: //data.gov.sg/.

图 5.11 National Parks Board Singapore.

图 5.12 National Parks Board Singapore.

图5.13 Tan, R. (2018). Mangroves at Sungei Buloh Wetland Reserve. [image] Licensed under Attribution-NonCommercial-NoDerivs 2.0 Generic (CC BY-NC-ND 2.0). Available at: https: //flickr.com/photos/ wildsingapore/13600735844/in/photolist-mHRjVA-bCY9Ak-aEe4X2-6w4HrD-aEhVym-roLUvS-bq4dmf-egDAGC-VYocfr-ayhPcr-aEe538-24P3dsd-XaW6X1- aEhW1y-aEe4Jz-XmQLc7-rD3KoJ-6TF7cR-WPJXbJ-7-uvx8R-aEe6wx-kkdREg-jeAMD-XdHJoe-kkdUUT-etU3XM-pFin83-ThwGzu-XdGAHB-254JPzH-ayhvv2-T7kNK3-afFwU4-4bzMCE-4baE3Y-mHRi2q-aEhVdu-722LDR-kW3Vvn-217THaf-ayhest-etRgVg-egxQzX-jeAUi-qzNdG9-aEhVC5-mHPqDK-q412X6-YWEXXW-8a8fMj[Accessed 22 Jun. 2018].

图5.14 Tan, R. (2018). Labrador shore. [image] Licensed under Attribution-NonCommercial-NoDerivs 2.0 Generic (CC BY-NC-ND 2.0). Available at: https:/flickr.com/photos/ wildsingapore/421832694/in/ photolist-Dh1au-Gn7Drc-23tJ2Nz-GQg6zs-ZRJdCB-ELuCwv-24hahA8-234dZq4-23GhgsS-Fmxrdu-avDwSx- 6XEX7g-24fnXsS-249dUHh-EwVTDP-E1H2Ah-RUDzYY-UR2z2K-HaU4ei-21BNgF8-ZNU1kt-25XqELA-avGf5s-

247DBaU-G1FwZK-24E9gXe-6XJXwh-25XqAQj- 24Wb2oy-23HNMJ9-cfAUZ3-24UiXUo-DNSZtn-Fh4DJv-6XJKQJ-Hgrp58-Gn7FWx-avGg5h-Qjguc4-QCC2mh-24WbfCE-6XJVYJ-5DptZV-fkyD5g-6XES5Z-6XJRGQ-DNT5tc-24Wb37h-KyRaod-DYb7jP/ [Accessed 22 Jun.2018].

图 5.15 Ministry of the Environment and Water Resources.

图 5.16 Jimmy Tan.

图 5.17 Elmich Pte Ltd.

图5.18 Ling, A. (2017). Bird's-eye view of MacRitchie Reservoir Park with Lim Bo Seng Memorial in the foreground. [image] Available at: https://www.thetallandshortofit.com/drone-flying/macritchiereservoir-park/ [Accessed 17 Jun.2018].

图 5.19 National Parks Board.

图 5.20 Data.gov.sg. http: //data.gov.sg/.

图5.21 Urban Redevelopment Authority Singapore.Ministry of National Development Singapore.

图 5.22 Sodhi, Navjot S., Lian Pin Koh, Barry W. Brook, and Peter K. L. Ng. "Southeast Asian Biodiversity: An Impending Disaster." Trends in Ecology & Evolution 19, no. 12 (2004): 654-660. doi: 10.1016/j.tree.2004.09.006.

图 5.23 K. L. Ng. "Southeast Asian Biodiversity: An Impending Disaster." Trends in Ecology & Evolution 19, no. 12 (2004) : 654-660. doi: 10.1016/j.tree.2004.09.006.

图 5.24 Barry W. Brook, Navjot S. Sodhi, and Peter K. L. Ng. "Catastrophic Extinctions Follow Deforestation in Singapore." Nature 424, no. 6947 (2003) : 420-423.

图 5.25 Alongi, Daniel M. "Carbon Sequestration in Mangrove Forests." Carbon Management 3, no. 3 (2012) : 313-22.

图5.26 Elmich Pte Ltd (2015). World's Largest Vertical Greenery Project–Singapore ITE Headquarters & College Central. [image] Available at: http://elmich.com/global/worlds-largest-vertical-greenery-project-singapore-ite- headquarters-college-central/ [Accessed 22 Jun. 2018].

图5.27 Bingham-Hall, P. (2016). PARKROYAL on Pickering, Singapore. [image] Available at: https://archdaily. com/800182/interview-with-woha-the-only-way-to- preserve-nature-is-to-integrate-it-into-our-built-environment/58381268e58ece8350000156-interview-with-woha-the-only-way-to-preserve-nature-is-to-integrate-it-into-our-built-environment-photo [Accessed 27 Jun. 2018].

图 5.28 Bingham-Hall, P. (2016). [Illustration] Singapore: Garden City, Mega City: Rethinking Cities For The Age Of Global Warming.

图 5.29 Urban Redevelopment Authority. Urban Redevelopment Authority. http: //www.ura.gov.sg/.

图 6.1 Urban Redevelopment Authority (1991). Living the next lap: Towards a tropical city of excellence, Singapore.

图 6.2 Tan, L. (2018). From a 'Garden City' to a 'City in Nature'. [Computer-aided Diagram] Singapore: CLC Insights, Issue No. 24.

图6.3 Singapore 2nd National Climate Change Study–Phase 1, Chapter 10–Long Term Projections of Sea Level, Temperature and Rainfall Change.

图6.4 Koninck, Rodolphe De., Drolet, Julie, and Girard, Marc. Singapore : An Atlas of Perpetual Territorial Transformation. Singapore: NUS Press, 2008.

图6.5 Ng Wei-Shiuen, and Robert Mendelsohn. The Impact of Sea Level Rise on Singapore. Environment and Development Economics 10, no. 2 (2005) : p207-208.

图 6.6 Choe, J. (2013). Ghost town. [image] Licensed under Attribution-NoDerivs 2.0 Generic (CC BY-ND 2.0). Available at: https: //flickr.com/photos/ crazyegg95/12283979973/ in/album-72157640452634084/ [Accessed 22 Jun. 2018].

参考文献

1. Allan, J. A. (1998). Virtual water: A Strategic Resource, Global Solutions to Regional Deficits. Groundwater, (4), 545-546.
2. Allison, G., Blackwill, R., Wyne, A., & Kissinger, H. (2012). Lee Kuan Yew: The Grand Master′s Insights on China, the United States, and the World. Cambridge: MIT Press. Retrieved from http: //www.jstor.org/stable/j.ctt5vjp6m.
3. Alongi, D. M. (2012). Carbon sequestration in mangrove forests. Carbon Management, 3 (3), 313-322. doi: 10.4155/cmt.12.20.
4. Alphand, A. (1867–73). Les Promenades de Paris, Histoire—Description des Embellissements—Dépenses de Création et d′ Entretien des Bois de Boulogne et de Vincennes, Champs-Élysées—Parcs—Squares—Boulevards—Places Plantées, Etude sur l′ Art des Jardins et Arboretum. Paris,. 1 vol text and atlas.
5. Babovic, V., Zhang, J., Tay, S. & Wang, X., Pijcke, G., Manocha, N., Li, X., Meshgi, A., Van Gils, J., Minss, T. and Ong, M. (2017). Modelling reservoir water quality under the effects of climate change-Looking at reservoir water quality under different climatological and socio-economic projections. PUB Innovation in Water 9.
6. Barnard, T.P. (2014). Nature Contained: Environmental Histories of Singapore. Singapore: National University of Singapore Press.
7. Barnard, T. P., ed. (2014). Introduction. In T. P. Barnard (Ed.), Nature Contained: Environmental Histories of Singapore. Singapore: National University of Singapore Press.
8. Barnard, T.P. & Emmanuel, M. (2014). Tigers of colonial Singapore. In: T. P. Barnard (Ed.), Nature Contained: Environmental Histories of Singapore. Singapore: National University of Singapore Press.
9. Barnard, T. P., (2016). Nature′s Colony: Empire, Nation and Environment in the Singapore Botanic Gardens, Singapore: NUS Press.
10. Barrell, J., (1980). The Dark Side of Landscape. NY: Cambridge University Press.
11. Batchelor, P. (1969). The Origin of the Garden City Concept of Urban Form. The Journal of the Society of Architectural Historians 28 (3), 184-200.
12. BBC News Asia. (2013, June 21). Singapore haze hits record high from Indonesian fires.

BBC News Asia. Retrieved from http: //www.bbc.com/news/world-asia-22998592.

13. Bermingham, A., (1986). Landscape and Ideology: The English Rustic Tradition, 1740-1860. Berkley: University of California Press.
14. Bhullar, L. (2013). Climate change adaptation and water policy: Lessons from Singapore. Sustainable Development, 21 (3), 152-159. doi: 10.1002/sd.1546.
15. Blue-Green Cities. (n.d.). [Wikipedia]. Retrieved from https: //en.wikipedia.org/wiki/Blue-Green_Cities.
16. Bodik, I., & Kubaska, M. (2013). Energy and sustainability of operation of a wastewater treatment plant. Environment Protection Engineering 39 (2), 15-24. doi: 10.5277/EPE130202.
17. Bramwell, D., Hamann, O., Heywood, V. and Synge, H. (1987). Botanic gardens and the world conservation strategy: proceedings of an international conference, 26-30 November 1985, held at Las Palmas de Gran Canaria. London; Orlando: Published for IUCN by Academic Press.
18. Brockway, L. (2002). Science and Colonial Expansion: The Role of British Royal Botanic Gardens. London: Yale University Press.
19. Brook, B. W., Sodhi, N. S., & Peter, K. L. N. (2003). Catastrophic Extinctions Follow Deforestation in Singapore. Nature, 424 (6947), 420. doi: 10.1038/nature01795.
20. Busenkell, M., & Cachola Schmal, P. (2012). WOHA: Breathing Architecture. Munich: Prestel.
21. Campbell, S. (1996). Green Cities, Growing Cities, Just Cities? Urban Planning and the Contradictions of Sustainable Development. Journal of the American Planning Association (Summer) .
22. Carnemolla, A. (1989). Il Giardino Analogo, Considerazioni Sull' Architettura dei Giardini. Rome: Officina Edizioni.
23. Castells, M., Goh, L., & Kwok, R. Y. (1991). The Shek Kip Mei Syndrome: Economic Development and Public Housing in Hong Kong and Singapore. New York: Sage Publications, Ltd.
24. Cazzato, V., Fagiolo, M. and Giusti, M.A. (1993). Teatri di Verzura, La Scena del Giardino dal Barocco al Novecento. Florence: Edifir.
25. Chang, Y. (2016). Energy and Environmental Policy. In: Lim, L.Y.C. (ed.). Singapore' s Economic Development- Retrospection and Reflections. Singapore: World Scientific Publishing Co Pte. Ltd.
26. Chen, D.C., Maksimovic, C., Voulvoulis, N., (2011). Institutional capacity and policy options for integrated urban water management: a Singapore case study. Water Policy 13, p53-68.
27. Chew, E. C. T., & Lee, E. (Eds.). (1991). A History of Singapore. New York: Oxford University Press.

28. Chou, C. (2014). Agriculture and the End of Farming in Singapore. In T. P. Barnard (Ed.), Nature Contained: Environmental Histories of Singapore. Singapore: National University of Singapore Press.
29. Chou, L.M. (1998). The Cleaning of Singapore River and the Kallang River Basin: Approaches, Methods, Investments and Benefits. Ocean & Coastal Management, 38 (2), 133-145.
30. Cianci, M. G. (2008). Metafore, Rappresentazioni e Interpretazioni di Paesseggi. Florence: Alinea Editrice.
31. Civil Service. (n.d.). [Wikipedia]. Retrieved from https: // en.wikipedia.org/wiki/Civil_service.
32. Civil Service-Public Service Commission. (2018). Retrieved from https: //www.psc.gov.sg/home.
33. Coats, A. (1969). The Quest for Plants: A History of the Horticultural Explorers. London: Studio Vista.
34. Corbett, J. (2001). Charles Joseph Minard: Mapping Napoleon′s March, 1861. CSISS Classics, University of California: Centre for Spatially Integrated Social Science.
35. David, R. (2013). Haze over Singapore. Inquirer. Net. Quote by MP Irene Ng, originally posted in The Real Singapore (June 19, 2013). Retrieved from http://opinion.inquirer.net/55131/haze-oversingapore.
36. Day, J. (2010). Plants, Prayers, and Power: The Story of the First Mediterranean Gardens. In: O′Brien, D. (Ed.) Gardening Philosophy for Everyone. Chichester: Wiley-Blackwell.
37. Delano, S. F. (2004). Brook Farm: The Dark Side of Utopia. Cambridge: Harvard University Press.
38. Del Re, M.C. (1997). I Giardini del Sogno. Florence: Angelo Pontecorboli Editore.
39. Dubbini, R. (1994). Geografie dello Sguardo, Visione e Paesaggio in Età Moderna. Milan: Einaudi Editore.
40. Dumpelmann, S. (2012). Layered Landscapes: Parks and Gardens in the Metropolis. In D. Brantz et al. (eds.). Thick Space: Approaches to Metropolitanism. Berlin: Transcript, p213-238.
41. Fishman, R. (1982). Urban Utopias in the Twentieth Century: Ebenezer Howard, Frank Lloyd Wright, Le Corbusier. Cambridge: The MIT Press.
42. Foglesong, R. E. (1986). Planning the Capitalist City: The Colonial Era to the 1920s. Princeton, N.J.: Princeton University Press.
43. Francis, M. and Hester, R.T. (1990). The Meaning of Gardens. Idea, Place and Action. Cambridge: The MIT Press.
44. Friess D, Richards D, and Phang V. (2016). Mangrove Forests Store High Densities of Carbon across the Tropical Urban Landscape of Singapore. Urban Ecosystems 19 (2), 795-810.
45. Furse-Roberts, J. (2005). Botanic Garden Creation: The Feasibility and Design of the New

British Collections. Reading: University of Reading.

46. Gardens by the Bay. (n.d.). [Wikipedia]. Retrieved from https://en.wikipedia.org/wiki/Gardens_by_the_Bay.

47. Gardens by the Bay. (n.d.). [Website]. Retrieved from http://www.gardensbythebay.com.sg/.

48. Gross Domestic Product. (n.d.). [Website]. Singapore: Department of Statistics Singapore. Retrieved from www. singstat.gov.sg.

49. Gunn, G. (2008). Southeast Asia′s Looming Nuclear Power Industry. The Asia-Pacific Journal, 6 (2) Retrieved from http://apjjf.org/-Geoffrey-Gunn/2659/article.html.

50. Gura, P.F. (2007). American Transcendentalism: A History. New York: Hill and Wang.

51. Hack, K., Margolin, J.L., and Delaye, K. (2010). Singapore from Temasek to the 21st Century: reinventing the Global City. Singapore: NUS Press.

52. Harrison, R.P. (1992). Forests: The Shadow of Civilization. Chicago: The University of Chicago Press Heywood, F.N. and Vernon, H. The Changing Role of the Botanic Gardens. In: Bramwell, D., Hamann, O..

53. Heywood, V. and Synge, H. (Eds.) (1987). Botanic gardens and the world conservation strategy: proceedings of an international conference, 26-30 November 1985, held at Las Palmas de Gran Canaria. London; Orlando: Published for IUCN by Academic Press.

54. Heywood, F.N. and Wyse, P. (1991). Tropical Botanic Gardens: Their Role in Conservation and Development. Oxford: Academic Press.

55. Heutte, F. (1872). A New Concept: The Commercial Botanical Garden. American Horticulturalist, 14-17.

56. Hill, A. W. (1915). The History and Functions of Botanic Gardens. Annals of the Missouri Botanical Garden, 2 (1/2), 185-240. Retrieved from http: //www.jstor.org.ezp-prod1.hul.harvard.edu/stable/2990033.

57. Ho, K. L. (2000). The Politics of Policy-making in Singapore. New York: Oxford University Press. Retrieved from http: //catalog.hathitrust.org/Record/004138233.

58. Hoekstra, A.Y, & Chapagain, A. (2007). Water Footprints of Nations: Water Use by People as a Function of their Consumption Pattern. Water Resources Management; an International Journal - Published for the European Water Resources Association (EWRA), 21 (1), 35-48. doi: 10.1007/s11269-006-9039-x.

59. Hoekstra, A.Y. and Chapagain, A.K. (2008). Globalization of Water–Sharing the Planet′s Freshwater Resources. Oxford: Blackwell Publishing.

60. Holttum, R. E. (1970). The Historical Significance of Botanic Gardens in South East Asia. Taxon, 19 (5), 707-714. doi: 10.2307/1219283.

61. Howard, E. (1965). Garden Cities of Tomorrow (1890). Cambridge, Mass.: MIT Press.

62. Hoyer, J., Dickhaut, W., Kronawitter, I., & Weber, B. (2011). Water Sensitive Urban Design.

Hamburg: Jovis.

63. Hui, J. (1995). Environmental Policy and Green Planning. In: Ooi, G.L., ed. 1995. Environment and the City: Sharing Singapore′s Experience and Future Challenges. Singapore: Times Academic Press for the Institute of Policy Studies.
64. Hunt, J.D. (1992). The Pastoral Landscape. Hannover, London: University Press of New England.
65. Hyams, E. and MacQuitty, W. (1969). Great Botanical Gardens of the World. New York: The Macmillan Company.
66. H2PC Asia, (n.d.) Energy Efficient Seawater Desalination in Singapore. [pdf] Available at http: //www.e2singapore.gov.sg/DATA/0/docs/NewsFiles/Energy%20efficient%20 desalination.pdf.
67. International visitor arrivals statistics 2014. (2015). Singapore: Singapore Tourism Board. Retrieved from https: //www.stb.gov.sg/statistics-and-market-insights/Pages/statistics-Visitor-Arrivals.aspx.
68. IPCC-Intergovernmental Panel on Climate Change [Website]. Retrieved from https: //ipcc.ch/.
69. Johnson, D.E. (1985). Literature on the History of Botany and Botanic Gardens 1730-1840: A Bibliography. Huntia, Pittsburgh, Pa.: Hunt Institute for Botanical Documentation, Carnegie-Mellon University.
70. Jordan, D. P. (1995). Transforming Paris: The Life and Labors of Baron Haussmann. New York: Free Press.
71. Khew, J. (2016). Moving Towards a City with Nature. Innovation 15 (1), 33-39.
72. Kiasu (n.d.). [Wikipedia]. Retrieved from https: //en.wikipedia.org/wiki/Kiasu.
73. Kiew, R. (2001). Singapore Botanic Gardens. Singapore: Landmark.
74. Laugier, M.A. (1753). An Essay on Architecture (trans. W. and A. Herrmann, 1977). Los Angeles: Hennessey & Ingalls.
75. Lee, J. T. T. (2015). We Built This City: Public Participation in Land Use Decisions in Singapore. Asian Journal of Comparative Law. 10, (2), 213-234. Research Collection School Of Law.
76. Lee, K.W. and Zhou, Y. (2009). Geology of Singapore. [pdf]. Singapore: Defence Science and Technology Agency. Available at: https: //www.researchgate.net/publication/291262201_Geology_of_Singapore_2nd_Edition.
77. Lee, K. Y. (1968). Opening Speech of the "Keep Singapore Clean" Campaign (Singapore Conference Hall). Singapore: National Archives of Singapore.
78. Lee, K.Y. (2011). Hard Truths to Keep Singapore Going. Singapore: Straits Times Press.
79. Lee, K. Y. (2012). From Third World to First: The Singapore Story 1965-2000: Memoirs of Lee Kuan Yew, Vol 2. Singapore: Marshall Cavendish.

80. Leitmann, J. (2000). Integrating the Environment in Urban Development: Singapore as a Model of Good Practice. World Bank Working Paper Series, (7).

81. Lenouvel, N., Lafforgue, M., Chevauché, C., & Rhétoré, P. (2014). The Energy Cost of Water Independence: The Case of Singapore. Water Science and Technology: A Journal of the International Association on Water Pollution Research, 70 (5), 787. doi: 10.2166/wst. 2014.290.

82. Leo, D. (1995). Kiasu, Kiasu: You Think What? Singapore: Times Books International.

83. Li, X., Zhang, C., Li, W., Ricard, R., Meng, Q., and Zhang, W. (2015). Assessing Street-Level Urban Greenery Using Google Street View and a Modified Green View Index. Urban Forestry & Urban Greening 14, 675-685.

84. Lim, H. S., & Lu, X. X. (2016). Sustainable Urban Stormwater Management in the Tropics: An Evaluation of Singapore′s ABC Waters Programme. Journal of Hydrology, 538, 842-862.

85. Lin, Y. (2017). Singapore at the Front Line of Water Innovation. Straits Times, [online]. March 12. Available at http: //www.straitstimes. com/singapore/spore-at-the-front-line-of-water-innovation.

86. Lovelock, C.E., Cahoon D.R., Friess, D.A., Guntenspergen, G.R., Krauss, K.W., Reef, R., Rogers, K., Saunders, M.L., Sidik, F., Swales, A., Saintilan, Thuyen, L.X., and Triet, T. (2015). The Vulnerability of Indo-Pacific Mangrove Forests to Sea- Level Rise. Nature 526, 559–563 (22 October 2015). doi: 10.1038/ nature15538.

87. Machor, J. L. (1987). Pastoral Cities: Urban Ideals and the Symbolic Landscape of America. Madison, London.: The University of Wisconsin Press.

88. Machuca, L., & Fara, V. (2014). Combination of Electrodialysis and Electrodeionization for Treatment of Condensate from Ammonium Nitrate Production. World Academy of Science, Engineering and Technology International Journal of Energy and Power Engineering, 8 (6), 485-487.

89. Malone Lee, L.C. and Kushwaha, V., (n.d.) Project "Eco-efficient and Sustainable Urban Infrastructure Development in Asia and Latin America". Case Study "Active, Beautiful and Clean" Waters Programme in Singapore. UNECLAC, UNESCAP.

90. Mayr, M., Alonso, C., and Rousse, C. (2017). Blue-Green Network Planning as a Spatial Development and Climate-Resilient Strategy–The Case of Belmopan, Belize. Caribbean Urban Forum 2017, 15-19 May, Belize City, Belize.

91. Maresca, P. (1997). Boschi Sacri e Giardini Incantati. Florence: Angelo Pontecorboli Editore.

92. Marx, L. (1964). The Machine in the Garden: Technology and the Pastoral Ideal in America. New York: Oxford University Press.

93. Marzin, C., Hines, A., Murphy, J., Gordon, C., & Jones, R. (2015). Executive Summary. Singapore 2nd National Climate Change Study. Meteorological Service Singapore, Centre for

Climate Research and UK Met Office.

94. McIntosh, C. (2005). Gardens of the Gods: Myth, Magic and Meaning. London, NY: I.B. Tauris.
95. Miller, M. (2010). English Garden Cities: An Introduction. Chicago: University of Chicago Press.
96. Mitchell, W.J. T. (2002). Landscape and Power. Chicago: University of Chicago Press.
97. Monem, N. K. and Blanche, C. (2007). Botanic Gardens: A Living History. London: Black Dog.
98. Morton, T. (2013). Hyperobjects: Philosophy and Ecology after the End of the World. Minneapolis: University of Minnesota Press.
99. Mueller, F. von (1971). The Objects of a Botanic Garden in Relation to Industries: A Lecture Delivered at the Industrial and Technological Museum. Melbourne: Mason, Firth & McCutcheon.
100. Mumford, L. (1946). Garden Cities and the Metropolis: A Reply. The Journal of Land & Public Utility Economics, 22(1), 66-69.
101. Myrie, S. and Arnone, E. (2006). Connecting with Teens: Strategies for Engaging Youth in Botanic Gardens. In: The Nature of Success: Success for Nature. 6th International Congress on Education in Botanic Gardens, Oxford, 2006. Available at <http: //www.bgci. org/ education/1588/>.
102. National Parks Board (2017). Parks and Nature Reserves. Singapore.
103. National Parks Board Nature Reserves in Singapore. (n.d.). [Wikipedia]. Retrieved from en.wikipedia.prg/wiki/Category: Nature_Reserves_in_Singapore.
104. Neo, B.S., Gwee, J., and Mak, C. (2012). Case Study 1. Growing a city in a garden. In: Gwee, J. ed. 2012. Case Studies in Public Governance: Building Institutions in Singapore. Abingdon, Oxon; New York: Routledge.
105. Neo, B.S. (2009). A City in a Garden-Developing Gardens. Singapore: Centre for Governance and Leadership, Civil Service College.
106. Ng, P. K. L., and Tan, L. W. H. (1994). Rhythm of the Sea: The Life and Times of Labrador Beach. Singapore: Division of Biology, National University of Singapore.
107. Ng, W., and Mendelsohn, R. (2005). The Impact of Sea Level Rise on Singapore. Environment and Development Economics 10 (2), 201-215. doi: 10.1017/S1355770X04001706.
108. O′Dempsey, T. (2014). Singapore′s Changing Landscape since c.1800. In T. P. Barnard (Ed.), Nature Contained: Environmental Histories of Singapore. Singapore: National University of Singapore Press.
109. Oon, C. 2009. Key step to water adequacy. Straits Times, June 24 [online]. Available at https: //web.archive.org/web/20090627092606/http: //www.straitstimes.com/Breaking +

News/Singapore/Story/STIStory_394640.html.

110. Palmer, M., Lowe, J., Bernie, D., Calvert, D., Gohar, L., and Gregory, J. (2015). Chapter 10: Long Term Projections of Sea Level, Temperature and Rainfall Change. Singapore 2nd National Climate Change Study. Meteorological Service Singapore, Centre for Climate Research and UK Met Office.
111. Parker, P. M. (2013). The 2013 Import and Export Market for Printed Maps, Hydrographic Charts, Wall Maps, Topographical Plans, and Globes Excluding Book Form in Singapore. Singapore: The Icon Group International.
112. Perry, M., Kong, L., & Yeoh, S. A. B. (1997). Singapore: A Developmental City State. New York: John Wiley and Sons. Retrieved from http: //scholarbank.nus.edu.sg/handle/10635/79698.
113. Peter, J. (2001). Interview with Mies van der Rohe. In P. Lambert (Ed.), Mies in America. New York: Henry N. Abrams.
114. Pitas, V., Fazekas, B., Banyai, Z., and Karpati, A. (2010). Energy Efficiency of the Municipal Wastewater Treatment. J Biotechnol. 150, 163-164.
115. Plans for the Next Century. (1987, April 27). Straits Times.
116. Plappally, A.K., Lienhard, V.J.H. (2012). Energy Requirements for Water Production, Treatment, End Use, Reclamation, and Disposal. Renewable and Sustainable Energy Reviews 16 (7) : 4818-4848.
117. Population Statistics. (2004). 1999/2004 Populstat Site by Lahmeyer, J. [online]. Available at: http: //www.populstat.info/ Population Trends, 2017. (2017). Department of Statistics ingapore, Ministry of Trade & Industry. Retrieved from http: //www.singstat.gov.sg/publications/publications-and-papers/population-and-population-structure/population-trends.
118. Potteiger, M. and Purinton J. (1998). Landscape Narratives: Design Practices for Telling Stories. New York: John Wiley and Sons.
119. Press Conference by Prime Minister Lee Kuan Yew at Broadcasting House, Singapore.
120. (August 9, 1965). Broadcasting House, Singapore.
121. Prest, J. (1982). The Garden of Eden: The Botanic Garden and the Re-Creation of Paradise. London: Yale University Press.
122. PUB to Expand Groundwater Monitoring Network. (2016, May 26). Channel News Asia. Retrieved from https: //www.channelnewsasia.com/news/singapore/pub-to-expand-groundwater-monitoring-network-8038514.
123. Public Utilities Board (2013). PUB Annual Report 2012/2013. Commemorating Fifty Years of Water: From the First Drop. Singapore: Public Utilities Board.
124. Public Utilities Board (2014). ABC Waters Projects. Singapore: Public Utilities Board.
125. Public Utilities Board (2016). Our Water, Our Future. Singapore: Public Utilities Board. Retrieved from https: //www.pub.gov.sg/Documents/PUBOurWaterOurFuture.pdf.

126. Public Utilities Board (2016). NEWater [online]. Available at: http: //www.pub.gov.sg/watersupply/fournationaltaps/newater.
127. Public Utilities Board (n.d.). Alexandra Canal [online]. Available at: https: //www.pub.gov.sg/abcwaters/explore/alexandracanal.
128. Pugh, S., (1990). Reading Landscape: Country, City, Capital. Manchester: Manchester University Press.
129. Rayton, R. (2000). Nature′s Government: Science, Imperial Britain, and the 'Improvement' of the World. London: Yale University Press.
130. Reddy, M. (2013). Bay South Garden. ICC Plan Review Service (2013, August 18).
131. Richards, D.R. and Friess, D.A. (2017). Rates and Drivers of Mangrove Deforestation in Southeast Asia, 2000-2012. Proceedings of the National Academy of Sciences 113 (2), 344-349.
132. Richie, A. (1998). Faust′s Metropolis: A History of Berlin. New York: Carrosll and Graf Publishers, Inc.
133. Rossi, P.O. (1991). Roma: Giuda all′Architettura Moderna 1909-1991. Rome: Editori Laterza.
134. Rowe, P. G. (1991). Making a Middle Landscape. Cambridge, Mass.: The MIT Press.
135. Sankey Diagram. (n.d.). [Wikipedia]. Retrieved from https: //en.wikipedia.org/wiki/.
136. Sathiamurthy, E., & Voris, H. K. (2006). Maps of Holocene Sea Level Transgression and Submerged Lakes on the Sunda Shelf. Natural History Journal of Chulalongkorn University, Supplement 2, 1-43.
137. Savage, V. R., & Kong, L. (1993). Urban Constraints, Political Imperatives: Environmental 'Design' in Singapore. Landscape and Urban Planning, 25 (1), 37-52. doi: 10.1016/0169-2046 (93) 90121-S.
138. Schama, S. (1995). Landscape and Memory. New York: Alfred A. Knopf Inc.
139. Schinz, M. (1985). Visions of Paradise: Themes and Variations on the Garden. New York: Stewart, Tabori and Chang.
140. Schmidt, M. (2008). The Sankey Diagram in Energy and Material Flow Management. Journal of Industrial Ecology, 12 (1), 82-94. doi:10.1111/j.1530-9290.2008.00004.x.
141. Seah, H., Khoo, K., Chua, J., Toh, D., & Chua, S. (2010). Cost Effective Way to Harvest Estuarine Water: Variable Salinity Desalination Concept. Aqua-Journal of Water Supply: Research and Technology, 59 (1), 452-458. doi: 10.2166/aqua.2010.011.
142. Sheng, Tommy Hao Chai. 2018. 'Water Tensions Between Singapore and Malaysia Begin to Boil Over,' The News Lens, July 23 article. https: //international.thenewslens.com/article/100407 (accessed 10 January 2019).
143. Shepherd, J.C. and Jellicoe, G.A. (1986). Italian Gardens of the Renaissance. New York: Princeton Architectural Press.

144. Siemens: Our history in Singapore. (2017). Siemens Historical Institute. Retrieved from https: //www.siemens.com/content/ dam/webassetpool/mam/tag-siemens-com/smdb/ corporatecore/ communication-and-gov-affairs/tl/HI/laenderprofile/ conversion-pdf-en/028-country-profile-singapore-e-201706.pdf.

145. Siemens to Develop Innovative Seawater Desalination Technology. (2008, June 23). Siemens Press Release. Retrieved from http: //sg.siemens.com/press/industry/Pages/ Siemenstodevelopinnovativeseawaterdesalinationtechnology. aspx.

146. Singapore Exports 1964-2017 (n.d.). Trading Economics. Retrieved from https: // tradingeconomics.com/singapore/exports.

147. Soderstorm, M. (2001). Recreating Eden: A Natural History of Botanical Gardens. London: Vehicule Press.

148. Sodhi, N. S., Koh, L. P., Brook, B. W., & Ng, P. K. L. (2004). Southeast Asian Biodiversity: An Impending Disaster. Trends in Ecology & Evolution, 19 (12), 654-660. doi: 10.1016/j. tree.2004.09.006.

149. Sodhi, N., Posa, M., Lee, T., Bickford, D., Koh, L., & Brook, B. (2010). The state and conservation of southeast asian biodiversity. Biodiversity and Conservation, 19 (2), 317-328. doi: 10.1007/s10531- 009-9607-5.

150. Soh, E. Y., & Yuen, B. (2006). Government-Aided Participation in Planning Singapore. Cities, 23 (1), 30-43. doi: 10.1016/j. cities.2005.07.011.

151. Soundararajan, K., Ho, M.K. and Su, B. (2014). Sankey Diagram Framework for Energy and Exergy Flows. Applied Energy 136, 1035-1042.

152. Spain, D. (2001). How Women Saved the City. Minneapolis, MN.: University of Minnesota Press.

153. Spens, M. (2007). Deep Explorations into Site/Nonsite: The Work of Gustafson Porter. Architectural Design, 77 (2), 66-75.

154. Stuart Gager, C. (1937). Botanic Gardens in Science and Education. Science, New Series, 85 (2208), 393-399.

155. Sutcliffe, A. (1984). Metropolis, 1890-1940. Chicago: University of Chicago Press.

156. Tafuri, M. (1996). Architecture and Utopia. Cambridge: The MIT Press.

157. Tagliaventi, G. (1995). Cittá Giardino: Cento Anni di Teori Modelli Esperieze. Rome: Gangemi Editore.

158. Tan, I. (2016). Beyond Singapore′s Blue-Green Matrix: An International Comparison of Blue-Green Systems in Melbourne and Singapore. Unpublished manuscript.

159. Tan Keng Yam, T. (2016). The Singapore Story: Environmental Achievements of This Nation-State over the Past Five Decades. [online]. Available at: www.unep.org/ourplanet/ october-2016.

160. Tan, Kenneth Paul. 2012. 'The ideology of Pragmatism in Singapore: Neoliberal Globalization and Political Authoritarianism.' Journal of Contemporary Asia, 42, No.1, p67-92.
161. Tan, L. H. (2012). Revitalizing Singapore' s Urban Waterscapes: Active, Beautiful, Clean Waters Programme. Urban Solutions Issue 1, Singapore: Centre for Liveable Cities.
162. Tan, L. H., & Neo, H. (2009). "Community in Bloom": Local Participation of Community Gardens in Urban Singapore. Local Environment, 14 (6), 529-539. doi: 10.1080/13549830902904060.
163. Tan, S.N. (n.d.). [Powerpoint Presentation] Public Engagement in Planning the Rail Corridor. Urban Redevelopment Authority.
164. Taylor, N. P. (2014). The Environmental Relevance of Singapore. In T. P. Barnard (Ed.), Nature Contained: Environmental Histories of Singapore. Singapore: National University of Singapore Press.
165. Thompson, P.A. (1972). The Role of the Botanic Garden. Taxon, 21 (1), 115-119.
166. Titman, M. ed., (2013). The New Pastoralism: Landscape into Architecture. AD May/June 2013 edition.
167. Tortajada, C., & Joshi, Y. (2013). Water Demand Management in Singapore: Involving the Public. Water Resources Management; an International Journal - Published for the European Water Resources Association (EWRA), 27 (8), 2729-2746. doi: 10.1007/s11269-013-0312-5.
168. Tortajada, C., Joshi, Y., & Biswas, A. K. (2013). The Singapore Water Story: Sustainable Development in an Urban City-state. New York: Routledge, Taylor & Francis Group.
169. Turnbull, C. M. (1977). A History of Singapore, 1819-1988. Singapore: National University of Singapore.
170. Vanham, D. (2011). How Much Water Do We Really Use? A Case Study of the City State of Singapore. Water Science and Technology-Water Supply, 11 (2), 219-228. doi: 10.2166/ws.2011.043.
171. Velasco, E., Roth, M., Norford, L., & Molina, L. T. (2016). Does Urban Vegetation Enhance Carbon Sequestration? Landscape and Urban Planning, 148, 99-107.
172. Voris, H. K. (2000). Maps of Pleistocene Sea Levels in Southeast Asia: Shorelines, River Systems and Time Durations. Journal of Biogeography, 27 (5), 1153-1167. doi: 10.1046/j.1365-2699.2000.00489.x.
173. Waylen, K. (2006) Botanic Gardens: Using Biodiversity to Improve Human Well-Being. Richmond: Botanic Gardens Conservation International.
174. Weiss, A.S. (1995). Mirrors of Infinity, The French Formal Garden and 17th Century Metaphysics. New York: Princeton Architectural Press.
175. Whittle, T. (1988). The Plant Hunters: Tales of the Botanist-Explorers who Enriched our

Gardens. New York: PAJ Publications.

176. Wilson, E. O. (1986). Biophilia. Cambridge, Mass.: Harvard University Press.

177. Wilson, J. (2006). Education for Sustainable Development: Guidelines for Action in Botanic Gardens. Richmond: Botanic Gardens Conservation International.

178. Wong, P.P. (1969). The Surface Configuration of Singapore: A Quantitative Description. The Journal of Tropical Geography 29, 64-74.

179. World Bank. (2006). Dealing with Water Scarcity in Singapore: Institution, Strategies and Enforcement. World Bank Analytical and Advising Assistance Program, China: Addressing Water Scarcity, Background Paper, (4).

180. Wright, F.L. Broadacre City: A New Community Plan. Architectural Record 99, 243-254.

181. Wyse Jackson, P.S. and Sutherland, L.A. (2000). International Agenda for Botanic Gardens in Conservation.

182. Xiu, N., Ignatieva, M. & Konijnendijk Van Den Bosch, C., 2016. The challenges of planning and designing urban green networks in Scandinavian and Chinese cities. Journal of Architecture and Urbanism, 40 (3), pp.163–176.

183. Yam, T. W. (1995). Orchids of the Singapore Botanic Gardens. Singapore: Singapore Botanic Gardens.

184. Yee, A.T.K., Corlett, R.T., Liew, S.C., and Tan, H.T.W. (2011). The Vegetation of Singapore – An Updated Map. Gardens' Bulletin Singapore 63 (1&2), 205-212.

185. Yeo, H. and Chng, M. (2017), Building a City in Nature. CLC Insights 24, Singapore: Centre for Liveable Cities.

186. Yok, T. P., Yeo, B., Xi, Y. W. and Seong, L. H.. (2009). Carbon Storage and Sequestration by Urban Trees in Singapore. Singapore: Centre for Urban Greenery and Ecology, National Parks Board. Available at: http: //botanicgardensshop.sg/shop/carbon-storage-sequestration-by-urban-trees-in-singapore.html.

187. Zhao, C., & Sander, H. A. (2015). Quantifying and mapping the supply of and demand for carbon storage and sequestration service from urban trees. PLOS One 10 (8). Doi: 10.1371/journal.pone.0136392.

188. Zhuang, J. (2016). Marina Bay. Retrieved from http: //eresources.nlb.gov.sg/infopedia/articles/SIP_2016-06-21_160714.html.

术　语

Active，Beautiful，Clean Waters Program（“ABC水计划”）　活力、美丽、洁净水计划

一项将环境、水体资源和社区结合起来的综合计划。新加坡通过将水渠、运河和水库与周围环境全面结合起来进来改造，打造清洁美丽的河道和湖泊，并且将这些空间塑造成为社区休闲场所和社交场合。

British Colonialism　英国殖民主义

英国通过侵占其他国家并控制其社会运作，在当地进行一系列社会、经济和政治方面的政策和实践。海峡殖民地指的是马六甲海峡作为英国远东主要商站的殖民地，包括槟城、马六甲和新加坡，形成于1826年，在1867年成为英国直辖殖民地，1912年纳闽岛也被占据。1946～1963年，新加坡都处于英国控制之下。

City in a Garden　花园中的城市

城市绿化方面的一种理念。1996年，新加坡国家公园委员会重新提出了“花园城市”的策略，作为新加坡绿化事业的总目标。这一策略被形象地描述为“当你在户外时，你会觉得自己置身于花园之中”。这一理念为空间整合、提升城市绿化水平提供了新的思路和方法，使得零碎空间整合后的效用远大于个体之和。这一优化后的理念深深改变了新加坡绿化的现状，并引导新加坡从“花园城市”走向了“花园中的城市”。

City in Nature　自然之城

新加坡宜居城市中心和国家公园委员会在2017年提出的一个关于城市绿化方面的理念，它倡导以规划的方式将自然融入城市建成环境中，让人能够得以与自然和多样性的生物更加亲近。

City of Gardens and Waters　田园水城

新加坡李显龙总理在2007年提出的一个愿景，提出将水资源基础设施和绿化植被融入充满活力且生物多样性丰富的城市景观中。这一愿景最重要的实施路径即“活力、美丽、洁净水计划”。

Clean and Green Singapore　清洁、绿色新加坡

通过倡导环保意识的生活方式来保护和爱护环境的原则。这一原则是 1968 年“清洁、绿色新加坡运动”和 1990 年“清洁和绿色周”的开展基础，“清洁和绿色周”后来更名为“清洁、绿色新加坡”运动并延长为一项为期一年的活动。

Community in Bloom Program　社区花园绽放计划

这是一项在 2005 年发起的新加坡全国性运动，旨在鼓励居民们通过共同创建和照料社区花园来培育社区精神和认同。

Concept Plan　概念规划

概念规划是新加坡城市规划体系中最关键的两项规划之一。概念规划是宏观层面的发展蓝图，明确了未来 40～50 年内政府在土地资源配置和交通发展政策等领域的发展计划，概念规划每 10 年修订一次，其中提出的愿景会在下一步的详细规划导则中被落实。

Deep Tunnel Sewer System，简称 DTSS　污水深邃收集系统

DTSS 是新加坡废水资源的“超级高速路”，DTSS 的建设满足了新加坡在收集、处理利用、回收和处置方面废水方面的需求，它包括一个连接下水道的网络，连接两条穿过新加坡的主要隧道，通往新加坡北部（克兰吉）、东部（樟宜）和西部（大士）的三个废水回收处理厂。

Development Guide Plans　《发展指引计划》

在 1985 年总体规划基础上制定的一系列详细规划层面的短中期土地使用计划。城市重建局将新加坡划分为 55 个规划分区，并为每个区都制定了发展指引规划，55 个规划分区的成果整合后即形成了 1998 年的总体规划。

Federation of Malays　马来亚联邦

由九个马来州以及马六甲和槟城海峡定居点组成的联邦。1948 年成立，寻求取代马来亚联盟（Malayan Union）。1963 年，马来亚联邦与新加坡、沙捞越和北婆罗洲（现沙巴）合并，组成马来西亚联邦。在新加坡人民行动党（PAP）政府与吉隆坡同盟领导人发生一系列冲突后，新加坡于 1965 年脱离马来西亚，成为一个独立的主权国家。

Garden City　花园城市

1967 年，时任总理李光耀提出了将新加坡改造成花园城市的运动。其目的是发展一个绿意盎然、环境清洁的城市，提高新加坡人的生活质量，并吸引外资进入新加坡。

Garden City Action Committee 花园城市行动委员会

1970 年，时任总理李光耀成立了一个委员会，负责监督整个新加坡的绿化政策，并允许政府机构之间更加深入的协调合作，将绿化植被建设融入城市建成环境中。

Jackson’s Plan of Singapore 《杰克逊的新加坡计划》

杰克逊的新加坡计划又名“莱佛士城市规划”，是由在苏门答腊岛担任副总督的英国人托马斯·斯坦福·莱佛士于 1822 年制定的。为了解决殖民地建设越发混乱的问题，他将不同种族的居民分隔在四个不同区域，住在欧洲人区的居民包括欧洲贸易商、欧亚裔人士和亚洲富人，而华人则聚居在目前仍存在的牛车水（Chinatown）以及新加坡河（Singapore River）东南部。印度人居住在牛车水北部的珠烈甘榜（Chulia Kampong），而甘榜格南（Kampong Gelam）则是移民新加坡的回教徒、马来人和阿拉伯人的落户之处。随着多家主要银行、商业社团和商会陆续在新加坡立足，这进一步巩固了新加坡作为贸易中心的地位。

Japanese Occupation 日本占领

第二次世界大战期间日本在新加坡实施了军事占领。前英国殖民地在新加坡战役中战败后，英国于 1942 年投降。这导致日本对新加坡的占领一直持续到 1945 年，在此期间新加坡被重新命名为锡安（Syanon）。

Land Acquisition Act 《土地征用法》

1966 年新加坡颁布了《土地征用法》，这为新加坡提供了以市场价格强制征用私人土地的法律框架。该法的主要目标是使土地能够方便和廉价地用于任何形式的公共用途，包括建设各类实现公共利益或公用事业的设施，以及用作公共住宅，商业配套或工业园区建设。

Marina Barrage 滨海堤坝

一座横跨滨海海峡口的大坝，用来建造新加坡滨海水库，即新加坡的第 15 座水库。这有助于将滨海区域的集水区扩大到新加坡陆地面积的 1/6，修建多功能拦水坝不仅是为了收集额外的水资源，还可以作为一项防洪工程，并在平时作为休憩娱乐活动场所。

Master Plan　总体规划

新加坡城市规划体系中的两个主要规划之一，总体规划是一项法定的土地使用规划，指导新加坡未来10～15年的发展。该规划每五年修订一次，将概念规划中的目标远景和长期战略转化为土地利用和开发的详细分区和密度参数。

My Waterway at Punggol　榜鹅水道计划

榜鹅水道计划是国家公园管理局和住房发展局联合启动的项目，通过一条人造水道的建设将榜鹅转变为一个充满活力的滨海小镇。这条4.2公里长的水道将穿过榜鹅镇、榜鹅乡间步道公园，将双溪实龙岗（Sungei Serangoon）和双溪榜鹅（Sungei Punggol）的两处水库联结起来。

National Parks Board，NParks　国家公园委员会

1975年，在新加坡植物园、公园和植被养护机关合并之后，新加坡国家发展委员会建立了公园和康乐局，1996年它更名为“国家公园委员会”，新加坡植物园和自然保护区均由其管理。目前，新加坡国家公园委员会是全面负责绿化建设和维护的政府机构。

Nature Reserve　自然保护区

为保护和养护其生物多样性，研究和传播其美学、历史和科学意义及知识等目的而管理的绿地。新加坡的四个自然保护区分别是武吉知马自然保护区、中央集水区自然保护区、双溪布鲁湿地保护区和拉布拉多自然保护区。

Nature Reserves Ordinance　自然保护区条例

设立自然保护区以保护新加坡本土生物多样性以及具有美学、历史或科学价值的物体和场所的法律。它还确保了新加坡生物多样性研究的条件和控制。该法令于1951年颁布，依法保护武吉知马（Bukit Timah）、克兰芝（Kranji）、班丹（Pandan）、拉布拉多悬崖和市政集水区。后来被现行的《国家公园委员会法》取代。

Nature Ways　自然通道

设计并种植特定的乔木和灌木组合形成“自然通道”，引导物种在两种生物多样性群落之间产生移动。

Park Connector Network　公园“连接体”网络

连接公园、河流、运河和居民区的小径所形成的网络，供人们进行各种娱乐活动，如慢跑和骑自行车。公园“连接体”网络最初的目的是利用运河沿线未充分利用的空间和住宅区的开放空间，将其与主要公园连接起来。今天，它被认为是一种优化现有空间和更好地整合绿色元素的方法，已经成为花园城市整体战略的一部分。

Parks and Trees Act　《公园和树木法》

一项关于在新加坡国家公园、自然保护区、树木保护区和其他绿地内种植、维护和保护树木和植物的法案。该法案于1975年出台，2017年修订，赋予了国家公园委员会（NParks）广泛的监管和执法权力，来保留和保护新加坡的自然资源。举例来说，国家公园委员会的官员如果认为某栋房屋内的绿化对公共安全构成威胁，那么法律允许他进入这栋房屋执法。

Public Utilities Board　新加坡公共设施委员会，后更名为PUB，新加坡国家水务局

管理新加坡供水、集水和用水事务的国家水务机关，成立于1963年，最初负责协调新加坡的电力、管道煤气和水的供应，后于2001年重组为新加坡国家水务局，成为环境和水资源部下属的法定委员会。

Ring City Concept　环状城市概念

新加坡早期规划中确定下来的发展理念，是一种适用于新加坡高密度发展模式的城市规划策略，这一概念在城市中央形成了一大片中心空地，用于雨水收集、食物生产、游憩活动和快速交通，是新加坡最为重要的生态基础设施核心。这一策略得到联合国协商审查小组的认可，并在其技术援助下纳入了1971年概念计划。

Sengkang Floating Wetland　盛港漂浮湿地

盛港漂浮湿地是在“活力、美丽、洁净水计划”框架下，在榜鹅水库区域建成的一块人工湿地。这一湿地的构造以“发现自然”为设计主题，以改善水质为目标，为鸟类和鱼类提供自然栖息地。它包括一座连接Anchorvale社区中心和体育中心的固定桥梁，以及一条连接河流东岸红树林片区的漂浮木板路。

Singapore Green Plan　新加坡绿色计划

新加坡环境部于1992年发布的新加坡首个环境发展蓝图，其目标是确保新加坡在发展过程中能够在环境保护和经济增长之间取得平衡。在新加坡绿色计划发布之后，政府随即启动了2012年绿色计划，大部分已经受环境保护，且发展目标被纳入其中。之后，新加坡针对2030年远期环境保护目标制订了“新加坡可持续发展蓝图”。

Source-Pathway-Receptor Approach　“源头－路径－受体”方法

这是一种通过在流域范围内统筹规划设计以提升防洪能力的方法。通过深入研究新加坡全域排水系统的灵活性和适应性，这种整体性的方法考虑了雨水流经的排水沟和运河（即水流的“路径”）、产生雨水径流的区域（即水流的“源头”）和潜在洪水区域（即水流的“受体”）。

Streetscape Greenery Masterplan　《街景绿化总体规划》

由国家公园委员会制定的一份蓝图，旨在通过强化街道景观，为城市重要区域的道路系统创造独特的风貌特征，强化、提升和振兴花园城市的总体风貌。蓝图中阐明了规划和设计准则，以确保住房和交通管理局等各机构之间能够更好地协调。

Unaccounted for Water，UFW　水资源损耗

指的是输送到配水系统终端的水量与销售水量之间的差额。UFW 主要包括漏水和仪表登记误差，通过对供水网络的综合管理，新加坡已确保其 UFW 保持在 5%，是区域最低水平。

Used Water　用过的水

作为可持续供水战略的一部分，新加坡创新采用了“用过的水”一词，而不是俗称的“废水”。在新加坡，用过的水被收集并输送到水回收厂，然后按照世界卫生组织的国际标准进行处理。

致　谢

在本书的写作中，我们非常幸运地接触了许多优秀的前公务员和现有的私营部门成员，他们都慷慨地奉献了自己的时间。特别是公共设施委员会和国家水务局的 Harry Seah、Tan Nguan Sen、Tan Gee Paw、Yong Wei Hin、Linda De Mello 和 Yap Keng Guan。同样，在国家公园委员会，我们要特别感谢 Kenneth Er、Leong Chee Chiew、Lena Chan、Lim Liang Jim 以及实验室、野外办公室和植物标本室的工作人员，他们带我体验了非常引人入胜的植物园和自然保护区考察之旅。在住房和发展局，我们受到 Cheong Koon Hean 的盛情接待，他向我们介绍了政府机构之间的互动，特别是与公共设施委员会和市区重建局的合作。在海湾边的花园里，我们与 Tan Wee Kiat 及他的一些同事进行了翔实而有趣的交流，未曾有一个沉闷的时刻。在城市重建局的同事当中，Fun Siew Leng 和 Wong Kai Yeng 提供的资料非常丰富。通过讨论，我们对新加坡的自然历史有了新的认识，特别感谢 Leo Tan 和新加坡国立大学生物科学系的 Darren Yeo。CPG 公司的 Khew Sin Khoon 以他对蝴蝶的热情，向我们讲述了新加坡人与自然环境的关系。国家环境局（NEA）前总干事 Loh Ah Tuan 让我们了解了与河流清理有关的许多问题，给了我们极大的帮助。在宜居城市中心，我的同事邱鼎才用他平和、幽默的方式，适时地引导我们完成了这个研究项目，Chionh Chye Khye 和 Michael Koh 研究员慷慨地介绍了他们的见解。如果没有 Jin Yi Kuang 和 Joanne Khew 的持续帮助，我们也会迷失方向。Liu Thai Ker 为我们提供了他独特而直截了当的评论。在私营部门方面，Olivia Lum 就 Hyflux 公司的成立和发展历程为我们做了详尽的介绍，Tobias Baur 来自 Ramboll Studio Dreiseitl Singapore，他直言不讳，态度开朗，让我们获益颇多。我们的专业朋友 Richard Hassel 和 WOHA 的 Wong Mun Summ 雄辩地谈到了公私合作发展会使新加坡拥有更广阔的“绿色”愿景。最后要说的是，本书的创作得到了许多人的参与和支持。在哈佛大学设计研究院，特别感谢 Hanne van den Berg 和她的搭档 Tess Stribos，以及 Guan ChengHe、Francesca Forlini、Zhangkan Zhou、Luke Tan 和 Yun Fu 和 Wenting Guo 的出色团队。在各界的慷慨帮助和指导下，如果书中出现了任何失误和错误，都是我们两位自己的原因。

彼得 • G. 罗，许丽敏
美国麻省剑桥，新加坡
2018 年 1 月

作者简介

彼得·G. 罗：哈佛大学设计研究院的建筑与城市设计教授，Raymond Garbe 荣誉教授，哈佛大学杰出服务教授。他著有许多关于世界各地建筑和城市发展的文化、环境和社会政治方面的文章，出版了 21 本著作，包括独著、合著或主编，包括最近出版的：《数字时代的设计思维》（2017 年）、《孟买都市区和帕拉瓦城：简介和评价》（2017 年）、《中国城市社区：概念、背景和幸福》（2016 年）和《高密城市化：当代住房类型和地区》（2014 年）。

许丽敏：新加坡宜居城市中心（CLC）的研究主任，该中心是一个面向宜居和可持续城市的知识中心，她专注于研究策略、内容开发和国际合作。她著有《建设新加坡公共空间》（2017 年）、《宜居高密度城市的 10 条原则：新加坡的教训》（2013 年）和《未来亚洲空间》（2012 年）。

译者简介

王玮：毕业于华中科技大学城市规划专业，高级规划师，注册城乡规划师。主持并参与多个领域规划及研究工作，涵盖绿地系统规划、滨水地区城市设计、枢纽地区规划、地下空间专项、城乡统筹、城市发展战略等。主持参与《深圳市坪山中心区概念规划》《深圳市前海轨道交通枢纽站综合规划》《武汉市三环线生态带实施性规划》《武汉市杨春湖高铁商务区城市设计》《武汉市地下空间图则标准范式》《武汉市地下空间管理细则》《神农架地区城乡统筹战略规划》等项目及课题。

汪波宁：毕业于华中科技大学城市规划专业，高级规划师。开展规划编制、设计、管理、审批等多环节工作，先后主持参与完成武汉市重大规划项目及研究课题20余项，涵盖系统性专项规划、功能区规划、实施性规划、控制性详细规划、城市设计、地下空间规划、村庄规划等类型。主持参与《武汉市王家墩商务区规划》《王家墩商务区核心区地下空间及地铁站点综合规划》《汉正街地区综合改造规划》《光谷中心区总体城市设计》《光谷中心区控制性详细规划（地面地下）》《东湖国家自主创新示范区绿道和蓝道系统专项规划》等项目及课题，获多项国家、省级奖项，并作为主要起草人参与编写《国土空间规划城市设计指南》。

梁霄：毕业于美国佛罗里达大学建筑研究专业，注册城乡规划师。参与多项重大规划项目，如《汉口历史风貌区实施性规划》《武汉东湖绿道系统规划》《杨春湖高铁商务区城市设计》《国家网络安全基地二期概念规划》《鄂州城市发展战略规划》《长江新城起步区控制性详细规划》等，规划研究实践涉及生态城市、战略规划、城市设计等多领域。

郑玥：毕业于伦敦大学学院空间规划专业，注册城乡规划师。聚焦国土空间规划、社区治理等领域，参与《长江经济带国土空间用途管制研究》《鄂州市国土空间总体规划》《武汉市老旧社区治理体系研究》等项目。